Robin Stünzi

Géographie des communautés immigrées et processus de gentrification

AF196530

Robin Stünzi

Géographie des communautés immigrées et processus de gentrification

Etude sur le centre historique de Palerme

Presses Académiques Francophones

Impressum / Mentions légales
Bibliografische Information der Deutschen Nationalbibliothek: Die Deutsche Nationalbibliothek verzeichnet diese Publikation in der Deutschen Nationalbibliografie; detaillierte bibliografische Daten sind im Internet über http://dnb.d-nb.de abrufbar.

Information bibliographique publiée par la Deutsche Nationalbibliothek: La Deutsche Nationalbibliothek inscrit cette publication à la Deutsche Nationalbibliografie; des données bibliographiques détaillées sont disponibles sur internet à l'adresse http://dnb.d-nb.de.

Coverbild / Photo de couverture: www.ingimage.com

Verlag / Editeur:
Presses Académiques Francophones
ist ein Imprint der / est une marque déposée de
OmniScriptum GmbH & Co. KG
Heinrich-Böcking-Str. 6-8, 66121 Saarbrücken, Deutschland / Allemagne
Email: info@presses-academiques.com

Herstellung: siehe letzte Seite /
Impression: voir la dernière page
ISBN: 978-3-8416-2419-2

UNIVERSITE DE NEUCHATEL

•

INSTITUT DE GEOGRAPHIE

•

Espace Louis–Agassiz 1
CH – 2001 Neuchâtel

Robin Stünzi

Géographie des communautés immigrées et processus de gentrification

Etude sur le centre historique de Palerme

MEMOIRE DE LICENCE
Sous la direction du Prof.
OLA SÖDERSTRÖM

▪ Août 2007 ▪

Table des matières

REMERCIEMENTS

Ce mémoire est le résultat d'un travail qui n'aurait pas pu être réalisé sans l'aide de nombreuses personnes présentes à Palerme et à Neuchâtel et je tiens à les remercier ici.

Des remerciements particuliers vont au directeur de ce travail, Ola Söderström, qui m'a beaucoup encouragé à partir à Palerme et mener mon projet à bien. Par sa disponibilité, ses encouragements et les multiples conseils qu'il m'a donnés, il m'a été d'une aide précieuse et je l'en remercie chaleureusement. Mes remerciements s'adressent aussi à Romaric Thiévent, qui a suivi l'élaboration de ce mémoire depuis le début et m'a aidé à le rendre plus intéressant.

J'aimerais également remercier le directeur de l'Institut de géographie de l'Université de Palerme, Vincenzo Guarrasi, qui m'a accueilli dans son Institut et a mis à ma disposition toutes les ressources de sa bibliothèque. Ses connaissances de la Sicile et de la ville de Palerme m'ont permis de progresser dans ce travail et je lui en suis très reconnaissant. Son associée à l'Institut de géographie, la professeur Giulia de Spuches, m'a aussi beaucoup aidé à travers ses conseils et a facilité mes recherches grâce à son soutien et ses connaissances de la réalité palermitaine.

Je tiens aussi à adresser un énorme merci à Angela Alaimo, pour son hospitalité, sa générosité et son soutien indéfectible. Elle a été la personne qui m'a fait découvrir la ville de Palerme et qui a fait de mon séjour un moment inoubliable. Pour toutes ces raisons et grâce aux multiples conseils qu'elle m'a donnés, elle m'a été d'une aide incommensurable et je souhaite lui exprimer ici ma profonde reconnaissance et mes sincères remerciements.

Je souhaite également remercier toutes les personnes qui m'ont accordé leur confiance et qui ont accepté de se livrer lors des entretiens que j'ai menés. Toutes ces personnes sont citées tout au long de mon travail et j'aimerais souligner à quel point elles ont contribué à l'élaboration de ce mémoire et les remercier pour les éclairages qu'elles m'ont apporté.

Enfin, je tiens à remercier mes parents, mes proches et ma compagne Mona Zerdani pour leur soutien durant la réalisation de ce travail et pour la confiance dont ils ont toujours fait preuve à mon égard.

PREMIERE PARTIE

INTRODUCTION ET PROBLEMATIQUE

1. INTRODUCTION GENERALE

Le centre historique de Palerme constitue le lieu et l'objet de ce travail, qui vise à analyser les relations entre deux phénomènes distincts mais liés par cet espace : le processus de revalorisation du centre historique et l'installation des communautés immigrées. À travers une étude de cas dans le centre historique de Palerme, cette recherche vise plus largement à comprendre et analyser les relations qui peuvent exister entre le processus de gentrification et les minorités ethniques présentes dans un centre ville. Une recherche documentaire est privilégiée dans un premier temps pour identifier les zones connaissant un phénomène de gentrification et proposer une géographie historique des communautés immigrées dans le centre historique. En superposant ces deux aspects, le but est de faire émerger certains lieux privilégiés qui présentent une relation particulière et de les analyser grâce à des études de cas.

La première partie de ce travail s'attache à dégager les principaux éléments du contexte qui caractérisent le centre historique de Palerme et qui ont contribué à définir ma problématique. Comme le relève Jacques Scheibling, le « [...] *fonctionnement territorial d'une société ne peut être appréhendé hors de son rapport à sa propre histoire* » (Scheibling, 1994 : 145). C'est pourquoi je propose un retour sur deux éléments caractéristiques de l'histoire palermitaine qui permettra de dégager les enjeux principaux de cette étude.

La succession d'une longue phase d'abandon et d'un récent processus de revalorisation caractérise l'histoire récente du centre historique de Palerme et représente le premier volet de cette mise en contexte. Il est en effet impossible de comprendre les problématiques actuelles du centre historique sans se pencher sur la période allant de l'après-guerre jusqu'à la fin des années 80, car l'infiltration de la mafia dans les structures des politiques urbaines palermitaines a largement contribué à définir la morphologie actuelle de la ville. Ensuite, je reviens sur le processus récent de revalorisation du centre historique, sur les acteurs principaux de cette phase de renouveau et sur les dates importantes qui ont marqué cette période entamée à la fin des années 80. Ce bref retour sur le processus de revalorisation du centre historique permet de définir les enjeux qui caractérisent cet espace actuellement.

Le deuxième volet est consacré à l'histoire migratoire de la ville dans le dessein de cerner les problématiques actuelles liées à l'installation des communautés immigrées dans le centre historique. Les spécificités de cette immigration nouvelle sont définies en s'attachant notamment à l'aspect récent du phénomène, au caractère relativement pauvre des migrants installés à Palerme et aux causes de la concentration des communautés immigrées dans le centre historique. Ce retour sur les spécificités de l'immigration à Palerme est accompagné d'une réflexion plus générale portant sur la répartition spatiale des migrants dans les villes.

Ces éléments de contexte général permettent de déboucher sur une question centrale et une problématique émergente qui nécessite l'élaboration d'un cadre théorique approprié. Ainsi, le processus de revalorisation du centre historique conduit à faire appel à la notion de gentrification, plus appropriée pour une approche géographique. Un retour sur l'abondante littérature traitant de ce concept permet ensuite de définir ses enjeux principaux et d'affronter certaines lacunes dans la recherche empirique consacrée à ce sujet. Ainsi, nous observerons que les relations entre gentrification et communautés immigrées n'ont été que rarement abordées par les chercheurs. Cette étude se propose donc d'apporter une contribution dans ce domaine.

L'apport de la mise en contexte et du cadre théorique fournit les instruments théoriques pour formuler plusieurs questions de recherche auxquelles est rattaché un système d'hypothèses. Ce couple formé des questions et des hypothèses repose sur une typologie des relations entre gentrification et communautés immigrées qui constitue l'outil théorique privilégié pour tenter de comprendre le phénomène dans toute sa complexité.

Enfin, le chapitre consacré à la méthodologie revient sur le type de données utilisées pour répondre aux questions de recherche. Une démarche documentaire est privilégiée dans un premier temps pour décrire à la fois le processus de gentrification et l'installation des communautés immigrées dans le centre historique. Puis la superposition de ces deux aspects mène à une identification de lieux privilégiés qui sont analysés grâce à une démarche principalement qualitative.

1.1. LE CENTRE HISTORIQUE DE PALERME, ELEMENTS DE CONTEXTE

L'objet de la présente étude se définit d'abord par un lieu : le centre historique de Palerme. J'ai extrait certaines caractéristiques de l'histoire récente de ce lieu pour aboutir à une problématique principale : la relation entre le processus de gentrification et les communautés immigrées présentes dans le centre historique. Je présente un bref rappel du contexte dans lequel s'inscrit cette recherche, en proposant un retour sur les deux éléments qui ont retenu mon attention et qui constituent la base de ce travail. D'une part, l'opposition entre une longue phase d'abandon et une période récente de réhabilitation que le centre historique a connu successivement. D'autre part, l'installation progressive sur ce même territoire de diverses communautés immigrées à partir des années 70.

1.1.1. Détour historique : une longue phase d'incurie[1]

Durant la Deuxième Guerre Mondiale, le centre historique de Palerme a subi d'énormes déprédations dues aux bombardements des Alliés en janvier 1943. Cet épisode constitue encore aujourd'hui un élément très important parce qu'il a obligé la Commune à élaborer de nombreux plans de reconstruction (qui n'ont que rarement été suivis d'effets) et parce qu'il a contribué à modifier la structure physique de la ville de façon irréversible. Symbole encore visible de cette transformation, l'avancement de 200 mètres de la côte provoqué par le rejet des gravats dans la mer a éloigné considérablement la structure urbaine de la mer.

L'histoire du centre historique de Palerme d'après la Deuxième Guerre mondiale est caractérisée par deux éléments principaux : « *le statut de Palerme comme chef-lieu d'une région autonome et son statut de capitale internationale de la mafia* » (Cannarozzo, 1996). Ces deux circonstances ont lourdement influencé le recrutement des politiciens et des administrateurs, la composition sociale des habitants, l'économie locale et l'aspect urbanistique de la ville.

En 1947, la création de l'appareil administratif et politique de la Sicile avec le siège à Palerme[2] a augmenté massivement le flux des migrations du reste de la Sicile vers le chef-lieu, et a donné lieu à la création d'une bureaucratie régionale recrutée selon des méthodes clientélistes, souvent en fonction de l'appartenance aux familles mafieuses. Un nombre infime de personnes étaient recrutées par concours, et cette situation explique en grande partie l'inefficacité qui a prévalu pendant près de quarante ans dans le domaine de la restauration du centre historique. D'un point de vue urbanistique, la Commune de Palerme et la Région Sicilienne se sont signalées par un comportement constant : celui de produire des actes officiels de planification qui étaient ensuite systématiquement démentis par des accords

---

[1] Ce bref historique est largement inspiré des différents ouvrages de Teresa Cannarozzo (voir bibliographie), et de son cours « *Riqualificazione e recupero dei centri storici* » du semestre d'été 2006, donné dans le Département *Città e territorio, Università di Palermo*

[2] Palerme est en effet devenue en 1947 le siège de la Région autonome sicilienne.

parallèles avec les propriétaires fonciers, les gérances immobilières, les constructeurs et d'autres acteurs.

C'est notamment le cas du premier plan de reconstruction d'après-guerre de 1947, rédigé par l'office technique de la Commune sous la direction de Vincenzo Nicoletti, qui fournissait deux indications importantes : la localisation d'une nouvelle zone d'expansion le long de la côte sud-est, qui aurait reproposé un rapport entre la mer et la ville et la proposition de relier les parcs privés qui entouraient les villas de la noblesse aux espaces verts et d'en créer de nouveaux.

Mais ces deux propositions ont été totalement ou partiellement annulées par les événements qui ont suivi. Les familles mafieuses, qui se livraient alors à la contrebande de cigarettes, sont entrées dans le secteur du bâtiment et de la construction, en orientant de ce fait la politique urbanistique de la Commune. De plus, un certain nombre de personnages mafieux sont entrés directement dans le gouvernement de la ville. C'est le cas notamment de Vito Ciancimino, *corleonese* dont les liens avec le parrain Totò Riina ont été clairement établis, qui a fait son entrée dans la politique au milieu des années 50. Il a été suivi par de nombreux autres, dont Salvo Lima, élu au Conseil communal en 1955. En 1958, Lima est élu maire et Ciancimino s'est retrouvé assesseur des travaux publics. L'infiltration mafieuse de la classe politique sicilienne répondait à un impératif criminel simple : profiter au maximum des appels d'offres, des adjudications de marchés publics et des projets d'infrastructures (transports, télécommunications, grands équipements collectifs) sur lesquels les responsables politiques siciliens et italiens ont une influence.

Ciancimino et Lima ont géré ensemble la politique urbaine de Palerme pendant une dizaine d'années, provoquant l'un des saccages les plus destructeurs de l'histoire italienne, connu aujourd'hui sous le nom de « *sacco di Palermo* ». Ils ont contribué à déterminer l'aspect actuel de Palerme, avec sa périphérie inachevée et son centre historique ruiné. Leurs réseaux étaient tentaculaires, et ils ont réussi à placer tous leurs alliés issus des familles mafieuses aux postes importants de la Commune ou de la Région. À travers les sociétés *Cassina* (ponts et chaussées) et l'*Icem* (lumières publiques), toutes deux très proches de la *Democrazia Cristiana* (le parti de centre-droit duquel étaient issus Ciancimino et Lima), les sociétés mafieuses dictaient la gestion urbanistique de la ville. Le secteur de la construction était totalement entre les mains de Lima et Ciancimino : sur 4200 permis de construction, 67% ont été transmis à quatre obscurs personnages (des prête-noms sous lesquels se cachait Ciancimino) inscrits dans un tableau fantôme de constructeurs. Grâce à ces prête-noms, l'assesseur aux travaux publics contrôlait toute l'activité de la construction, en faisant disparaître les quelques constructeurs honnêtes pour favoriser le clientélisme.

Dans ce contexte, les objectifs fixés par le plan de reconstruction élaboré par Nicoletti n'étaient jamais respectés. L'expansion s'est développée au nord de la ville (contrairement aux recommandations du plan de 1947) et elle s'accompagnait d'une spéculation immobilière massive. Par exemple, l'Institut pour les logements sociaux (Iacp : *Istituto autonomo per le case popolari*) a réalisé sous la houlette de Lima et Ciancimino une nouvelle série d'installations dans des zones très distantes du centre urbain, ce qui a contribué à valoriser les terrains situés entre le centre et les nouveaux quartiers populaires. Cette politique répondait à un seul objectif : en connaissant ces programmes, il suffisait d'acheter des terrains agricoles à bas prix, qui d'ici peu bénéficieraient de l'urbanisation primaire (eau, électricité) et de les revendre quelques années plus tard pour réaliser des bénéfices faramineux. Dans de nombreux cas, l'Iacp a ainsi favorisé la spéculation foncière.

À partir de 1955, deux organismes se sont chargés de rédiger le Prg, *Piano regolatore generale*[3] sous le contrôle de Lima et Ciancimino. Les prévisions de parkings, d'écoles et

---

[3] En Italie, le *Piano Regolatore Generale* correspond au Plan directeur communal en Suisse.

11

d'espaces verts étaient largement insuffisantes, mais les prévisions les plus dommageables étaient celles faites pour le centre historique. On proposait en effet la destruction quasi totale de la structure urbaine existante, alors que le tiers des habitants vivait dans ces quartiers. Le centre historique était considéré comme un obstacle pour traverser la ville en direction du nord, donc le Prg (achevé en 1956) proposait de remplacer toute la structure urbaine existante (y compris d'importants édifices religieux, de nombreux palais) par des bâtiments similaires à ceux de la zone d'expansion. La dévastation programmée du centre historique apparaît aujourd'hui d'autant plus surprenante qu'elle émanait notamment d'universitaires membres de l'Institut national d'urbanisme. Le plan fut rédigé très vite et adopté en août 1956. Mais de nombreux recours ont été déposés (1233) par des organismes privés et publics. Le plan fut alors réélaboré et republié en décembre 1959, mais de nouveaux recours furent déposés (1195). Les habitants du centre historique s'opposèrent de façon virulente aux projets de démolition, avec des arguments pertinents. La démolition aurait en effet éloigné les anciens habitants et les activités commerciales auraient disparu ainsi que les marchés, qui caractérisaient la ville depuis des siècles. Le comité de rédaction du plan démissionna, puis Lima et Ciancimino formèrent un nouveau comité chargé de rédiger un nouveau plan.

En 1962, le Prg a ainsi repris les projets des plans de 1956 et 1959 en affectant diverses zones agricoles à la construction, et en transférant les habitants du centre historique vers la périphérie suivant des logiques qui renforçaient la division des classes sociales (moyenne bourgeoisie au nord et prolétariat au sud et à l'ouest). Ce plan a donné lieu à la formation de véritables ghettos et a largement contribué à dépeupler le centre historique. La construction du quartier du Zen (*Zona di espansione Nord*) est à cet égard emblématique : en détournant les fonds nationaux destinés à l'assainissement du centre historique, l'Iacp des années 70 a construit ce nouveau quartier de 20000 habitants au nord de la ville pour y transférer ceux du centre. Ce quartier n'a jamais été fini et selon Teresa Cannarozzo, il est aujourd'hui considéré par les habitants comme « *un quartiere degradato e emarginato* »[4] (Cannarozzo, 1999). Pendant ce temps, le centre historique était laissé totalement à l'abandon, et conformément aux objectifs fixés par le Prg, il se vidait progressivement de ses habitants. Cependant, la destruction programmée du bâti du centre historique n'a jamais pu être réalisée, les administrations suivantes se contentant de l'abandonner progressivement. Le tremblement de terre de 1968 a porté le coup de grâce aux bâtiments les plus dégradés et l'incurie de la Commune a contraint de nouveaux habitants à fuir le centre historique pour rejoindre les nouveaux quartiers comme le Zen.

En 1979, les forces politiques du gouvernement ont décidé de s'occuper de la réhabilitation du centre historique en proposant une rupture avec les pratiques des administrations précédentes. Un comité a été chargé de rédiger le *piano-programma,* qui aurait dû orienter les interventions de réhabilitation du centre historique. Mais le projet présentait des lacunes pratiques parce que le *piano-programma* n'était pas un instrument urbanistique et restait sujet aux prévisions du Prg de 1962. Ainsi, ce dernier restait en vigueur, conformément aux vœux des *corleones*i de Toto Riina, qui contrôlaient les transformations immobilières du centre historique. Pendant ce temps, le centre se dépeuplait (il ne restait plus que 30000 habitants dans les années 80 alors qu'il en comptait 120000 en 1946) et se désintégrait.

1.1.2. Le processus de revalorisation

Après quarante ans d'incurie, le centre historique fait l'objet d'un intérêt nouveau lorsque Leoluca Orlando est élu maire en 1985. Il reste en place jusqu'en 1990 puis démissionne sous la contrainte, suite à des dissensions avec son parti, la *Democrazia Cristiana*. De 1990 à 1993, l'histoire palermitaine est marquée par une succession d'événements dramatiques liés aux

---

[4] « *Un quartier dégradé et marginalisé* »

assassinats perpétrés par la mafia. En 1992, les deux juges les plus engagés dans la lutte contre la mafia, Giovanni Falcone et Paolo Borsellino, sont assassinés[5]. Plusieurs auteurs s'accordent pour dire que cette succession de drames a eu pour principal effet d'éveiller les consciences dans la population palermitaine qui s'est alors mobilisée pour protester contre le terrorisme mafieux (Cannarozzo, 1996 ; Maccaglia, 2005). C'est dans ce contexte que Leoluca Orlando brigue un nouveau mandat en 1993, sous l'égide du mouvement qu'il a récemment fondé, *la Rete*. Il est brillamment élu avec 70% des voix. Les deux périodes durant lesquelles Orlando est à la tête de la ville se caractérisent par une certaine continuité politique, qui vise à rompre avec les pratiques marquées par la spéculation immobilière des administrations précédentes, et tente de conduire les Palermitains à se réapproprier le centre historique. Pour y parvenir, la politique menée par Orlando va miser sur trois axes principaux : la revalorisation du bâti et la mise en valeur du patrimoine, l'amélioration des conditions de vie sociale et culturelle des habitants du centre historique, et le développement économique de cette partie de la ville.

En ce qui concerne la revalorisation du bâti, deux initiatives importantes sont entamées : à l'échelle de la ville dans sa totalité, la décision est prise de réadapter le *Prg* (*Piano regolatore generale*) aux normes nationales de 1968 pour permettre notamment de repérer les zones à destiner à l'équipement urbain et aux services. En ce qui concerne le centre historique, l'administration communale fait rédiger un plan détaillé, le *Ppe* (*Piano particolareggiato esecutivo*) pour gérer plus spécifiquement cette zone de la ville. Trois personnes sont choisies afin de rédiger le plan : Leonardo Benevolo, urbaniste lombard considéré comme le plus grand historien italien de l'architecture, Pier Luigi Cervellati, architecte romagnol spécialisé dans les problématiques de requalification des centres historiques[6] et Italo Insolera, architecte turinois connu pour avoir rédigé de nombreux plans de requalification dans les villes côtières de Toscane et de Sardaigne. Le choix de ces personnes pour rédiger le *Ppe* est révélateur de la politique nouvelle entamée par l'administration Orlando : tout d'abord, la Commune n'hésite pas à faire venir des spécialistes de l'extérieur, une pratique qui n'était pas courante dans les administrations précédentes (Cannarozzo, 1999). Ensuite, les trois personnes choisies partagent une vision commune de la requalification, qui consiste à protéger le patrimoine architectural des centres historiques tout en accordant une attention importante à la protection de ses habitants. Dans un entretien réalisé par Francesco Erbani, Leonardo Benevolo répond ainsi quand le journaliste lui demande comment protéger les centres historiques : « *non come siti archeologici, che si salvaguardano per essere visitati. Bensì come organismi viventi. Questa è la vera conservazione. Gli unici cambiamenti ammissibili sono quelli che consentano ai centri storici di essere abitati, di possedere ancora quel congegno di relazioni che li hanno alimentati per secoli* »[7](Erbani, 2006). Quant à Pier Luigi Cervellati, il est connu pour avoir conduit les interventions de requalification du centre historique de Bologne dans lequel il proposait de réhabiliter des quartiers entiers en les restituant ensuite aux anciens habitants.

Ainsi, la ville de Palerme se dote enfin d'un instrument urbanistique mis à jour pour le centre historique dans sa totalité, avec la planification exécutive du *Ppe* approuvée en 1993. Ce plan repose sur une approche typologique qui vise à déterminer la fonction de chaque édifice et ses spécificités architecturales. C'est à partir de ce diagnostic que sont ensuite dressés les

---

[5] Giovanni Falcone a été assassiné le 23 mai 1992 à Capaci, sur l'autoroute qui mène de l'aéroport à la ville de Palerme. Le meurtre de Paolo Borsellino a été perpétré le 19 juillet 1992, à Via d'Amelio, dans l'agglomération palermitaine.
[6] Pier Luigi Cervellati est connu pour avoir été chargé de rédiger le plan de requalification du centre historique de Bologne.
[7] « *Non comme des sites archéologiques, qui se sauvegardent pour être visités, mais bien comme des organismes vivants. Ceci est la vraie conservation. Les seuls changements admissibles sont ceux qui permettent aux centres historiques d'être habités, de posséder encore ce dispositif de relations qui les a alimentés pendant des siècles*».

cahiers des charges pour les travaux de réhabilitation et définies les modalités d'utilisation des immeubles. La préservation et la conservation du bâti sont les maîtres mots de ce plan, qui veut rompre avec la politique marquée par l'expansion et la spéculation immobilière des administrations précédentes. Ainsi, Leoluca Orlando parle du centre historique comme étant « *la prochaine aire d'expansion de Palerme* » (Talia, 1998 : 81). Le plan se base sur une série de mesures strictes qui visent à mettre définitivement à l'abri le centre historique des mouvements spéculatifs qui avaient porté atteinte à son patrimoine.

Comme je l'ai souligné précédemment, l'objectif majeur de la requalification du centre historique est celui de conduire les palermitains à se réapproprier cette partie de la ville. Pour les pouvoirs publics palermitains, la renaissance de la ville passe autant par sa réhabilitation physique que par le changement du rapport que ses habitants entretiennent avec elle. C'est pourquoi l'administration Orlando insiste sur la redécouverte de lieux abandonnés qui sont les vecteurs principaux d'une politique de réinvention de l'identité palermitaine. Cette période est en effet marquée par l'ouverture ou la réouverture de nombreux monuments à vocation culturelle : c'est le cas du *Teatro Massimo*[8] (voir carte 1.3. : principaux lieux évoqués dans l'étude), dont la fermeture pendant une période de vingt-trois ans symbolisait l'abandon du centre historique, mais aussi de la restauration de l'église de *Santa Maria dello Spasimo*[9] (voir carte 2.1. : les prinicipaux lieux de Kals'Art et carte 1.3. : principaux lieux évoqués dans l'étude) ou des *Cantieri culturali alla Zisa*[10]. De la même manière, le *Festino de Santa Rosalia*, la fête que Palerme dédie à sa patronne, a pris un important essor sous l'administration de Orlando. A travers la réouverture de monuments et l'organisation d'importantes manifestations culturelles, la politique de l'administration communale tente de réaffirmer le sentiment d'appartenance à une communauté et de faire de Palerme une ville « normale » aux yeux de ses habitants.

Enfin, l'administration communale mise sur le tourisme culturel pour relancer le développement économique. Dans une ville qui ne possède pas d'industrie, les politiques des années 60 misaient énormément sur l'appareil administratif (Palerme est le siège de la municipalité, de la province et de la région) et cela s'est traduit par l'absence d'initiatives publiques visant à stimuler l'essor d'autres activités économiques. À nouveau Orlando veut rompre avec ces pratiques et entend jouer la carte du tourisme grâce au riche patrimoine culturel de Palerme et de son centre historique. Mais la ville possède une mauvaise réputation, liée à son statut de capitale internationale de la mafia. L'administration va alors accomplir un travail important pour modifier cette image en travaillant sur le binôme mafia/antimafia. L'organisation d'événements internationaux (la « Convention internationale contre le crime organisé transnational » sous l'égide des Nations Unies de mai 2000 en est un exemple) et la réouverture de bâtiments à vocation culturelle (comme le *Teatro Massimo* en 1997) représentent des exemples concrets de cette volonté de se débarrasser d'une image liée à la mafia.

---

[8] Le *Teatro Massimo* est un théâtre de style néoclassique conçu par Giovan Battista Filippo Basile et construit en 1897 sous la direction de son fils Ernesto Basile. Il est considéré comme l'un des plus grands théâtre lyriques au monde et trône seul sur la place qui lui a été dessinée, à l'extrême nord du centre historique de Palerme.
[9] Située dans le quartier de la Kalsa, l'église Santa Maria dello Spasimo a été fondée en 1509 par des moines bénédictins dans un style gothique. En 1835, elle a été transformée en hospice pour les personnes nécessiteuses, puis sa reconversion a été entamée à partir de 1985, quand les autorités communales ont décidé d'en faire un bâtiment à vocation culturelle.
[10] Le château de la Zisa (de l'arabe *aziz*, qui signifie le magnifique) est un édifice construit au XIIe siècle à l'extérieur de la ville par des artisans arabes sous le règne normand de Guillaume I. En 1996, Francesco Giambrone, l'assesseur à la Culture, visite la zone abandonnée située à côté du château qui abritait les locaux des usines Ducrot. Il décide avec l'appui de la Commune de restaurer et transformer ces bâtiments pour en faire un espace dédié à la production culturelle. Les *Cantieri culturali alla Zisa* abritent aujourd'hui le centre culturel français et propose des activités culturelles comme des expositions, du théâtre ou des concerts.

Au vu de ces trois axes principaux dans la politique de requalification du centre historique menée par l'administration Orlando, il est important de souligner à quel point les pouvoirs publics ont fonctionné par réaction et par opposition aux pratiques imposées par les administrations précédentes. L'intérêt nouveau pour le centre historique, pour ce qu'il représente en terme de mémoire et d'identité collective, est l'élément marquant de cette période, appelée aussi « le printemps de Palerme » qui prend fin en 2000. L'administration communale démissionne à la fin de l'an 2000 pour permettre à Leoluca Orlando de se porter candidat au poste de président de la Région sicilienne[11] et une administration provisoire mise en place par Guglielmo Serio (centre droit) gère les affaires de la municipalité jusqu'au 25 novembre 2001, date à laquelle Diego Cammarata, du parti *Forza Italia*, est élu maire de la ville. Le *Ppe* est toujours en vigueur et l'administration communale poursuit le processus d'assainissement du centre historique avec des moyens et des effets différents. Du point de vue de l'orientation politique d'abord, puisque la nouvelle administration se situe au centre droit, alors que la précédente s'appuyait sur une politique de centre gauche. Ensuite, parce que la politique de Leoluca Orlando se caractérisait par son opposition à la violence matérielle et symbolique que représentait le système mafieux dans un contexte marqué par une succession d'événements dramatiques (notamment les meurtres des juges Falcone et Borsellino en 1992). Elle visait à conduire les palermitains à se réapproprier le patrimoine du centre historique, à travers un discours fondé sur la redécouverte des lieux et sur la réinvention d'une identité palermitaine. En revanche, l'administration de Diego Cammarata ne propose pas le même discours et met en avant la modernisation et le développement économique de la ville dans le but de rivaliser avec les métropoles européennes[12].

C'est dans ce contexte que se situe ce travail de recherche, à la fin du mandat de Diego Cammarata à la tête de la ville[13], et alors que le processus de requalification du centre historique est entamé depuis une vingtaine d'années. Cette enquête peut s'apparenter à un bilan des politiques de réhabilitation du centre historique de Palerme et de ses conséquences sociales et culturelles, en mettant un accent particulier sur l'immigration, qui fait l'objet du prochain chapitre.

1.1.3. Les communautés immigrées : spécificités du contexte palermitain

Le contexte migratoire palermitain est marqué par trois aspects principaux sur lesquels je me propose de revenir dans ce chapitre. Du point de vue de son histoire, la ville a connu tout d'abord une phase de forte immigration liée à sa position géographique et aux différents peuples qui se sont succédé en Sicile. Je reviens brièvement sur cette période en tentant de montrer comment cette phase d'immigration a profondément marqué l'histoire palermitaine et laissé des traces encore visibles aujourd'hui.

En revanche, le début du XXè siècle est caractérisé par une période d'émigration intense que toute l'Italie a connue pendant près d'un siècle, et qui a marqué l'histoire sicilienne autant du point de vue matériel que culturel. Cet aspect historique est abordé pour évoquer le changement de statut qui est en train de s'opérer en Sicile : d'un espace traditionnel d'émigration, l'île est en effet en passe de devenir un espace d'immigration.

---

[11] Les élections pour le poste de président de la *Regione siciliana* se déroulent le 24 juin 2001 et voient le succès de Salvatore Cuffaro, du parti *Forza Italia*.

[12] Un bref aperçu de son discours sur le site officiel de la Commune (http://www.comune.palermo.it/Comune/ benvenuto. htm) permet d'étayer mes propos.

[13] Les élections communales ayant eu lieu les 20 et 21 mai 2007 ont vu la réélection de Diego Cammarata au poste de maire de la ville de Palerme.

Cette dernière période d'immigration est caractérisée par deux éléments fondamentaux : premièrement, les communautés immigrées présentes à Palerme sont pour la plupart issues de pays en voie de développement et deuxièmement, elles sont fortement concentrées dans le centre historique. Je reviens donc sur les raisons qui permettent d'expliquer cette situation, puis je propose une réflexion sur la présence des migrants dans les villes européennes et sur leur répartition spatiale.

1.1.3.1. L'Histoire cosmopolite de Palerme

La ville de Palerme, grâce à sa position géographique située au cœur de la Méditerranée, est connue pour avoir été le carrefour de nombreuses civilisations. Le premier noyau de la ville a été fondé autour du VIIe siècle avant J-C à l'époque des colonisations phéniciennes, et baptisée *Pan-Ormos* en grec, qui signifie « tout port ». Conquise par les Romains en l'an 254 de notre ère, la ville de Palerme se retrouve sous la domination des Bizantins à partir de 535. En 831, la ville devient un émirat lors de la conquête arabe. Cette période est caractérisée par le prestige acquis par Palerme, qui accueille de nombreux étrangers, développe le commerce et l'industrie et devient un centre culturel très réputé. Les sources historiques (Amari in Lafi, 2004) attestent d'une population d'environ trois cent mille habitants, ce qui est un chiffre considérable et qui assurait à Palerme une place parmi les plus importantes du monde méditerranéen. Elle est décrite par de nombreux voyageurs et géographes, notamment Ibn Hawqal (Lafi, 2004), qui évoque la présence de cinq quartiers en insistant sur l'importance des commerçants et des marchés. La domination arabe a laissé de nombreuses traces au niveau de la morphologie de la ville. Ainsi, le quartier de la *Kalsa* (de l'arabe *Al Khalisa*, « la pure »), aujourd'hui considéré comme le plus vieux quartier de Palerme, a été fondé par les Arabes en 937, qui en ont fait leur citadelle. Mais la présence des Arabes a aussi marqué certains aspects culturels, linguistiques, dont la ville de Palerme est encore empreinte aujourd'hui. L'art culinaire en est un exemple particulièrement frappant, à l'intérieur duquel la pâtisserie occupe une place d'honneur. L'arrivée des rois normands en 1071, qui feront de Palerme la couronne du royaume de Sicile, marque la fin de la domination arabe mais elle ne signifie pas que ces derniers quittent la ville. La population palermitaine reste encore majoritairement arabophone jusqu'à la fin du XIIe siècle (Nef, 2002 : 113). La période du règne normand voit la construction de monuments aujourd'hui qualifiés d'arabo-normands pour lesquels les rois (Roger II, Guillaume Ier et Guillaume II) adaptent des symboles empruntés à la culture islamique (Nef, 2002 : 114). Cette époque, qui se caractérise par la présence de populations et de fois religieuses différentes (musulmans, chrétiens, juifs) est sans aucun doute l'une des périodes les plus prospères de la ville, du point de vue du développement du commerce et de son rayonnement culturel et artistique dans le bassin méditerranéen. Le géographe Al Idrissi écrit au XIIe siècle que Palerme « *possède des édifices d'une telle beauté que les voyageurs se mettent en route attirés par la réputation des merveilles qu'offre ici l'architecture* » (Amari, 1854-1868 cité in Lafi, 2004). La période du règne normand s'éteint en 1189 avec la mort de Guillaume II et Palerme voit successivement la domination des Suèves, des Angevins et des Aragonais avant de devenir en 1494 le siège des vice-rois espagnols, les gouverneurs auxquels était confié le pouvoir en Sicile. Sous leur domination, la ville connaît un renouveau artistique et se pare de monuments baroques aux XVIe et XVIIe siècle. Puis la ville connaît une période de déclin sous la domination des Bourbons, qui unissent la Sicile au royaume de Naples en 1734, faisant de Palerme une ville de province. Enfin, en 1860, la Sicile se retrouve rattachée au royaume d'Italie, après les batailles victorieuses menées par Garibaldi.

Ce bref historique, loin de prétendre à l'exhaustivité, permet néanmoins de se rendre compte de l'attraction exercée par la ville de Palerme, qui a vu se succéder de très nombreuses dominations par des peuples et des civilisations qui ont tous laissé des traces encore présentes aujourd'hui dans la morphologie de la ville, dans la toponymie, dans la langue sicilienne et dans la gastronomie notamment. Il me semble utile d'aborder cet aspect dans sa dimension actuelle car les autorités et les promoteurs de la ville jouent largement sur l'image cosmopolite de Palerme pour assurer le développement touristique. La période du règne normand (XIe siècle-XIIIe siècle) qui vit la présence de nombreux peuples différents, notamment une forte présence arabe, est souvent représentée comme l'âge d'or de la ville. Cette période a en effet laissé de nombreuses traces architecturales dans le centre historique, et c'est souvent son aspect multiculturel qui est mis en exergue sur les sites internet consacrés à la promotion touristique de Palerme. Pour illustrer mon propos, je retranscris ici une phrase trouvée sur la toile : « *Palermo e la Sicilia rappresentano da sempre un connubio di culture, popoli e civiltà così diverse tra loro ma unite da un'unica meta: conquistare una città e una regione preziosa e lasciarne traccia ai posteri ! Questa è Palermo, oggi una città alla ricerca di una nuova identità... ma ricca di un passato unico !* »[14] (palermoweb.com/cittadelsole/vtour/storia/). Cette phrase est emblématique des discours produits par les autorités et les promoteurs de la ville, qui récupèrent volontiers l'aspect multiculturel de l'histoire palermitaine pour en faire une spécificité de son identité urbaine. À cet égard, l'ancien maire Leoluca Orlando a énormément insisté sur cette thématique en proposant une série d'initiatives (sur lesquelles je reviendrai) destinées à (ré)affirmer cette thématique de l'histoire palermitaine.

1.1.3.2. D'un espace traditionnel d'émigration à un espace d'immigration

À l'image de nombreux autres pays du sud de l'Europe, l'Italie a connu une période d'émigration durant laquelle 27,5 millions d'Italiens sont partis en l'espace d'un siècle entre 1876 et 1985 (Cipollone et Maury, 2005). Nombreux sont les textes qui relatent cette période de l'Histoire italienne et mondiale parce qu'elle a été extrêmement intense de 1880 à 1914 (15 millions de personnes ont quitté l'Italie durant cette période) et a eu une grande influence sur les pays d'accueil (principalement aux Etats-Unis, en France et en Suisse). Les Siciliens ont joué un rôle majeur dans ce processus d'émigration et la Sicile est encore aujourd'hui la région d'Italie qui compte le plus grand nombre d'émigrés (600000 personnes sur un total de 4 millions en 2005 selon les données fournies par la *Caritas*[15]). Je ne reviens pas dans le détail sur cette phase de l'histoire italienne, mais son évocation permet de comprendre les enjeux qui caractérisent la Sicile actuellement, parce que l'île est toujours considérée comme un espace traditionnel d'émigration alors que les statistiques montrent qu'elle est en passe de devenir un bassin d'immigration important. Il s'agit d'un processus relativement récent, datant du début des années 80, qui peut être mis en relation avec le développement de l'immigration que certains pays d'Europe méridionale connaissent (outre l'Italie, on peut citer l'Espagne et la Grèce). Cette situation est un peu paradoxale car ces pays ont connu une crise économique et une forte poussée du chômage durant les années 80. Gérard Claude identifie trois facteurs qui permettent de comprendre cette situation : « *l'effet de report* » suscité par la fermeture des frontières des pays du Nord de l'Europe a conduit de nombreux candidats à l'immigration à se tourner vers ces pays qui étaient auparavant considérés comme des pays de transit. Puis le rôle de « *l'économie immergée* » dans ces pays, qui se nourrit du travail clandestin et enfin, le fait que les travailleurs étrangers occupent volontiers les postes délaissés par les nationaux. La ville de Palerme, qui n'avait jamais été une destination particulièrement attractive parce qu'elle n'offre que peu de chances de trouver un emploi en raison d'un fort taux de chômage et de la quasi-absence d'industrie, connaît néanmoins une période d'immigration similaire à

---

[14] « *Palerme et la Sicile représentent depuis toujours une union de cultures, peuples et civilisations si différents mais unis par un même but :conquérir une ville et une région précieuse et laisser leurs traces ! Telle est Palerme, aujourd'hui à la recherche d'une nouvelle identité... Mais riche d'un passé unique !* »
[15] Dossier statistico CARITAS/MIGRANTES, 2005

celle des autres pays de l'Europe méridionale. Je propose de relever certaines spécificités de cette nouvelle phase immigration.

1.1.3.3. Spécificités de l'immigration actuelle

Deux caractéristiques importantes doivent être relevées : premièrement, la population migrante est relativement pauvre et deuxièmement, les communautés immigrées se sont concentrées dans le centre historique.

Le phénomène concerne principalement des migrants ayant des ressources économiques limitées. En effet, 90% des étrangers résidant dans le centre historique de Palerme proviennent de pays extracommunautaires connaissant des difficultés économiques (CARITAS/MIGRANTES, 2005). Le tableau présenté ci-dessous permet de mieux apprécier cette situation. Il provient des données élaborées par *l'Ufficio statistica del Comune* à partir des données de l'Etat civil de 2005, où les principales communautés immigrées résidant dans le centre historique sont répertoriées.

Tableau 1.1.:Les principaux pays d'origine des communautés immigrées présentes dans le centre historique et leurs nombres respectifs (2005)

Pays d'origine	Nombre en 2005
Bangladesh	1503
Chine	254
Côte d'Ivoire	140
Ghana	395
Ile Maurice	427
Maroc	290
Sri Lanka	627
Tunisie	736

Source : Ufficio statistica, dati elaborati dall'Anagrafe 2005

Ce tableau permet de constater que la grande majorité des migrants présents dans le centre historique de Palerme proviennent d'Afrique et d'Asie du Sud Est qui représentent à eux seuls près de 90 % des résidents étrangers. La majeure partie de ces migrants proviennent de pays connaissant des difficultés économiques (Le Sri Lanka, le Bangladesh, la Tunisie, le Maroc, l'Ile Maurice, la Côte d'Ivoire et le Ghana sont les principaux pays d'origine).

Compte tenu de sa situation géographique, la Sicile est en outre connue pour abriter de nombreux immigrés clandestins, qui représentent souvent la frange la plus pauvre de la population immigrée. Le tableau présenté ci-dessous, élaboré par la *Caritas* à partir de données fournis par le Ministère de l'Intérieur, permet de se faire une idée plus précise de la problématique des débarquements d'immigrés clandestins sur les côtes italiennes. Il est possible d'observer qu'ils ont lieu principalement en Sicile, dans les Pouilles et en Calabre. Mais il est intéressant de relever le fait suivant : si le nombre total des débarquements diminue depuis 2002, ils tendent à concerner presque exclusivement la Sicile.

18

Tableau 1.2. : Nombre d'immigrés débarqués clandestinement sur les côtes italiennes (2001-2004)

	2001	2002	2003	2004	%
Puglia	8.546	3.372	137	18	0,1
Sicilia	5.504	18.225	14.017	13.594	99,7
Calabria	6.093	2.122	177	23	0,2
Totale	20.143	23.719	14.331	13.365	100,0

Numero sbarchi nel 2004 : Puglia 1, Calabria 2, Sicilia 239
Source : Dossier Statistico Immigrazione Caritas/Migrantes. Elaborations à partir des données du Ministère de l'Intérieur.

Les longues années d'incurie de la Commune et de spéculation immobilière liée aux activités mafieuses ont contribué à placer Palerme dans une situation particulière que certaines villes américaines et du Sud de l'Europe connaissent à différents degrés. De manière générale, la majorité des villes européennes d'une certaine importance ont investi beaucoup de moyens dans la sauvegarde et la production de patrimoine dans leurs centres historiques, les faisant passer d'une fonction résidentielle à une fonction commerciale tournée vers le secteur tertiaire. Cette situation a contribué en grande partie à confiner les communautés immigrées dans les zones périphériques. La ville de Palerme se démarque nettement de cette tendance générale, en raison du peu d'intérêt qu'a accordé la Commune pour le centre historique depuis l'après-guerre jusqu'aux années 90, provoquant ainsi son dépeuplement et sa dégradation. Cette dévalorisation du centre s'est traduite par une paupérisation de ses habitants et par une dévalorisation de l'immobilier, incitant nombre d'immigrés extracommunautaires à y trouver refuge à partir des années 80. L'installation récente de ces communautés a contribué à renverser le statut de Palerme, la faisant passer d'une ville d'émigration à une ville d'immigration. Les communautés immigrées arrivées à Palerme se sont donc massivement concentrées dans le centre historique.

Cette dernière information est particulièrement importante dans le travail qui m'occupe puisque je propose d'étudier les relations entre le processus de gentrification et les communautés immigrées dans le centre historique de Palerme. C'est pourquoi je présente dans le chapitre suivant une petite réflexion sur la problématique des concentrations de populations immigrées à l'intérieur des villes, en me référant notamment à la thèse développée par l'anthropologue palermitain Franco La Cecla.

1.1.3.4. La répartition spatiale des migrants : différences entre centre et périphérie

De nombreuses recherches ont prouvé que les communautés immigrées produisent, par leur présence et leurs activités, des transformations sociales importantes qui débouchent sur des modifications physiques et symboliques des lieux d'accueil (Lo Piccolo, 2002, 209). À cet égard, la thèse développée par Franco La Cecla, nonobstant son caractère un peu idéaliste, mérite réflexion. D'une manière générale (bien qu'il s'appuie avant tout sur des exemples français), il remet en question la notion de ghetto et refuse l'idée selon laquelle la concentration des communautés immigrées dans une même zone serait à l'origine du prétendu « problème de l'immigration ». Selon cet auteur, il existe bel et bien des difficultés dans ce domaine, mais elles doivent être attribuées principalement à l'éloignement, aux difficultés d'accès que connaissent les communautés immigrées vivant dans les périphéries, réduisant considérablement les possibilités d'échange entre anciens habitants et nouveaux arrivants. L'éloignement spatial des communautés issus d'une immigration récente les rend « invisibles » aux yeux de la population autochtone. C'est dans le cadre de cette théorie qu'il cite Palerme en contre-exemple : son centre historique, livré à l'abandon pendant de longues années, a été réinvesti et sécurisé par les communautés immigrées, qui l'ont remis à la mode aux yeux des autres habitants, créant ainsi un lieu de rencontre et d'échange entre les anciens et les nouveaux habitants. (La Cecla, 2002, 50).

L'objectif de ce travail ne consiste pas à mettre la thèse de La Cecla à l'épreuve mais il me semble important de décrire les formes morphologiques que les communautés immigrées impriment au centre historique de Palerme, en m'attachant aussi aux processus dans lesquelles elles s'inscrivent. La localisation des communautés immigrées, leurs activités, les logiques compétitives qui se développent entre les différentes communautés et les rapports de force qui s'instaurent entre les acteurs publics, les acteurs privés et les communautés immigrées constituent l'un des volets de la recherche documentaire que je propose d'effectuer. Dans un contexte marqué par la mise en œuvre du processus de réhabilitation du centre historique, la ville de Palerme apparaît dès lors comme un terrain d'étude approprié pour aborder les relations entre la présence des communautés immigrées et le processus de revalorisation du centre historique.

2. QUESTION DE RECHERCHE PRINCIPALE

2.1. UNE PROBLEMATIQUE EMERGENTE

Ce bref aperçu sur le contexte général du centre historique de Palerme peut donc se résumer par ces deux points :

- Le centre historique de Palerme, après avoir été livré à l'abandon général pendant une cinquantaine d'années, fait l'objet d'un processus de revalorisation entamé il y a une quinzaine d'années.

- Le centre historique de Palerme est devenu le territoire principal d'une immigration caractérisée par sa dimension récente et par une population disposant de moyens économiques relativement limités.

Dans ce contexte, l'architecte palermitain Francesco Lo Piccolo évoque la problématique à laquelle le centre historique sera confronté ces prochaines années : « *gli immigrati nel centro storico a Palermo rappresentano al tempo stesso una risorsa e un futuro problema : una risorsa perché comunque anche grazie a loro il centro storico ha ripreso sia pur lentamente ad essere una parte abitata e vitale della città ; un problema perché il lento recupero condurrà inevitabilmente ad un innalzamento del valore di mercato degli immobili e degli affitti, ad un ritorno di nuovi abitanti con differenti stili di vita, a nuove attese e interessi, ed in questo senso possibili forme di conflitto nell'immediato o prossimo futuro non sono affatto improbabili.* »[16] (Lo Piccolo, 2003 : 209). Ces quelques phrases illustrent la problématique qui guide cette étude, c'est-à-dire les relations qui s'instaurent entre le processus de réhabilitation du centre historique de Palerme et les communautés immigrées qui s'y sont installées récemment. Dès lors, la question qui guide cette recherche peut être formulée ainsi :

Question 1 : Quelle est la relation qui s'instaure entre le processus de revalorisation et les communautés immigrées dans le centre historique de Palerme?

Le prochain chapitre est consacré au développement de la problématique et à la définition des concepts principaux qui guident cette étude. L'objectif étant de parvenir à formuler des hypothèses susceptibles de répondre à cette première question et de proposer une série d'interrogations plus spécifiques au sujet des relations entre le processus de réhabilitation du centre historique et les communautés immigrées.

---

[16] « *Les immigrés dans le centre historique de Palerme représentent à la fois une ressource et un problème futur : une ressource parce que grâce à eux aussi le centre historique est redevenu, bien que lentement une partie habitée et vitale de la ville ; un problème parce que la lente revalorisation conduira inévitablement à une hausse de la valeur du marché immobilier, à une arrivée de nouveaux habitants avec des styles de vie différents, à de nouvelles attentes et intérêts et en ce sens, de possibles formes de conflits à plus ou moins termes ne sont pas du tout improbables.* »

3. PROBLEMATIQUE : LA REVALORISATION DU CENTRE HISTORIQUE ET L'IMMIGRATION RECENTE

Deux phénomènes, caractérisés par l'implication d'acteurs divers, sont unis par un même lieu et sont étudiés dans cette recherche. D'un côté, le processus de réhabilitation du centre historique de Palerme, qui a démarré à la fin des années 80, sous l'impulsion du maire de l'époque, Leoluca Orlando, et qui se poursuit aujourd'hui en impliquant divers acteurs. De l'autre, l'installation progressive de différentes communautés immigrées dans le centre historique à partir des années 70.

Je propose dans ce chapitre d'évoquer les problématiques essentielles de la revalorisation d'un centre historique, en insistant sur le dilemme que pose la conservation. C'est pourquoi je développe cette problématique dans un premier temps en faisant appel à la notion géographique qui recouvre la thématique de la requalification des centre villes : le concept de gentrification. Le centre historique de Palerme semble être un territoire propice à l'apparition d'un tel processus, pour des raisons que je développe par la suite. Un bref aperçu des apports théoriques et empiriques au sujet de ce concept me conduit ensuite à relever les liens entre gentrification et communautés immigrées.

3.1. LA REVALORISATION ET SES DILEMMES

De Certeau et Althabe ont été les premiers auteurs français à s'être penché sur le dilemme que connaît l'Etat dans sa politique de réhabilitation, et relevaient une prétendue incompatibilité entre la restauration des bâtiments et la sauvegarde des anciens habitants : « *Par son mouvement propre, l'économie de la restauration tend à séparer des lieux leurs pratiquants. Une désappropriation des sujets accompagne la réhabilitation des objets.* » (De Certeau, 1983, 5). Quant à Gérard Althabe, il exprime un point de vue radical en évoquant le cas de la réhabilitation du centre historique de Bologne : « *On ne peut transformer un quartier de ce genre en patrimoine qu'en éliminant les habitants* » (Althabe, 1984). Cette position peut paraître surprenante compte tenu du projet de requalification du centre historique de Bologne mené par Pier Luigi Cervellati, qui visait justement à ne pas déplacer les anciens habitants. Nombreuses ont été les tentatives d'accompagner la revalorisation d'un patrimoine architectural avec la préservation de ces caractéristiques socio-culturelles représentées par ses habitants. Les politiques urbaines italiennes menées dans les années 70 représentent un bon exemple de cette tentative, et le cas de Bologne est à cet égard emblématique, comme le souligne Maria Luisa Gentileschi : « *Si giunse – nel caso di Bologna, per esempio – ad effettuare traslochi temporanei degli abitanti del centro, per riportarli più tardi nei quartieri riabilitati* »[17]. (Gentileschi, 2005, 35). Avec le recul, beaucoup d'auteurs stigmatisent cette tentative en la qualifiant d'illusoire (Allegretti, 1978 ; Gentileschi, 2005), mais elle reste tout de même une bonne illustration de ce souci de préserver aussi bien les aspects architecturaux que les habitants des centres historiques.

Le concept géographique qui recouvre ces problématiques est celui de gentrification, qui tient compte du dilemme évoqué ci-dessus à propos de la revalorisation tout en intégrant les transformations et les problématiques actuelles que connaissent de nombreux centre villes contemporains.

---

[17] « On a été amené -dans le cas de Bologne par exemple- à effectuer des déménagements temporaires des habitants du centre, pour les ramener plus tard dans les quartiers réhabilités »

3.2. LA GENTRIFICATION

Ce concept, utilisé la première fois par Ruth Glass pour définir un processus de réhabilitation d'un bâti dégradé et une transformation de la composition sociale de certains quartiers centraux (Glass, 1964) a occupé ces dernières années une place particulièrement importante dans les revues. Plusieurs raisons expliquent cet engouement mais l'intérêt grandissant des géographes à son égard provient notamment du fait que la gentrification pose un défi aux théories classiques de la localisation résidentielle et des structures sociales urbaines (Hamnett, 1984). Le changement des quartiers a été conçu par H. Hoyt et par E. Burgess comme un processus irréversible dans lequel *« les riches reviennent rarement sur leurs pas, pour retrouver les logements obsolètes qu'ils avaient abandonnés »* (Hoyt, 1939 : 118 in Hamnett, 1991 : 5). Or la gentrification réfute le postulat majeur selon lequel le filtrage est un processus unidirectionnel descendant, par lequel les groupes à faibles revenus s'installent dans un habitat en cours de détérioration, puisqu'il a été démontré que les classes moyennes et aisées reviennent souvent dans les centre villes restaurés. (Hamnett, 1991).

Dans le cas qui nous occupe, ce concept semble approprié pour caractériser le centre historique de Palerme, au moins du point de vue de son passé. En effet, la gentrification apparaît dans les centre villes ayant connu une période plus ou moins longue de désinvestissement, de dégradation du bâti et de dépeuplement avec pour conséquence une expansion importante des zones périphériques : *« Gentrification appeared to reverse a longstanding demographic decline in inner urban areas, which had been accompanied by steady suburban growth »* (Bondi, 1999 : 205). La théorie du « rent gap » élaborée par Neil Smith (Smith, 1979, 1996), sur laquelle je reviendrai, reconnaît les longues périodes de désinvestissement que certains quartiers des centre villes ont connues comme facteur principal de la gentrification. Compte tenu de son histoire récente, le centre historique de Palerme semble présenter un terrain propice au développement de tels processus.

3.2.1. Des débats intenses

L'abondante littérature sur la gentrification se caractérise par de nombreuses confrontations théoriques entre diverses écoles de pensée. Pour schématiser, je choisis de relever les deux thèmes les plus discutés dans les revues, qui concernent les causes et les effets du processus. Je propose dans cette partie de revenir sur ces deux aspects et les thématiques qui y sont liées. J'analyse d'abord les conséquences de la gentrification en me référant notamment aux thèses de Neil Smith, qui se montre très critique à l'égard de ce processus et de ses effets. Puis je présente les critiques qui lui ont été faites pour déboucher sur les débats qui concernent les causes et les explications de la gentrification. Le débat entre les explications situées du côté de l'offre et celles privilégiant la demande m'a conduit à relever les lacunes que cette confrontation a contribué à créer, parmi lesquelles la relation entre gentrification et communautés immigrées, qui est rarement évoquée dans la littérature.

3.2.2. Les effets de la gentrification

A l'image des discussions autour de la sauvegarde du patrimoine évoquées ci-dessus, le processus de gentrification alimente une série de débats intenses, souvent liés à des positionnements politiques, qui reflètent la connotation positive ou négative que les auteurs lui donnent. Comme le relève Atkinson, *« gentrification is a politically loaded term, making dispassionate debate and analysis difficult »* (Atkinson, 2003 : 2344). Toujours selon cet auteur, ce débat peut s'apparenter à la traditionnelle opposition politique entre gauche et droite. D'un côté, les opposants à la gentrification, qu'Atkinson situe à gauche de l'échiquier politique, critiquent le processus parce qu'il serait à l'origine d'un déplacement forcé des anciens habitants issus des couches populaires. De l'autre côté, les partisans de la gentrification voient dans ce phénomène un remède au déclin des centre villes, à travers l'utilisation de termes comme le « renouveau urbain » ou la « revitalisation » des centres. Selon Atkinson, cette dernière position correspond à une vision libérale du phénomène, qui est celle traditionnellement défendue par les agents immobiliers, les responsables du marketing urbain ou de la promotion économique des villes : « *Those more partial to market solutions have generally used semantically neutral terms like « neighborhood revitalisation » or « renaissance »* »(Atkinson, 2003 : 2344)

3.2.3.La gentrification selon Neil Smith

De nombreux auteurs accusent la gentrification de provoquer l'éviction des populations préexistantes (Donzelot, 2003 ; Marcuse, 1989 ; Smith, 1986, 1996). C'est le cas de Neil Smith, l'un des premiers géographes à avoir proposé une théorie cohérente d'explication du phénomène, centrée sur la notion de « rent-gap » (traduit en français comme le « différentiel de loyer »). Ce concept se fonde sur l'existence de longs cycles de désinvestissement qui rendent les centre-villes attractifs pour les investisseurs qui pourront tirer des profits d'autant plus importants si la rente foncière est basse au moment où les capitaux sont injectés. « *Quand et seulement quand ce différentiel de loyer entre l'actuelle et la potentielle rente foncière devient suffisamment important, le redéveloppement et la réhabilitation vers de nouveaux usages du sol deviennent une perspective profitable, et le capital commence à revenir dans le marché des villes-centres* » (Smith, 1982, p. 149). L'augmentation de loyers qui résulte automatiquement de cet apport de capital dans un centre-ville auparavant délabré aura pour principale conséquence l'éviction des couches populaires, qui ne pourront plus se permettre de rester dans un centre-ville gentrifié. Dans son ouvrage intitulé « *The New Urban Frontier : Gentrification and the Revanchist City* » (1996), Smith pose un regard extrêmement critique sur le phénomène, et sur sa justification de la part des acteurs de l'immobilier et des médias, qui valorisent la conquête de territoires auparavant « hostiles » pour construire des espaces d'accueil destinés à la nouvelle classe moyenne. D'après le chercheur, la gentrification est perçue dans les médias à travers l'imagerie de la « frontière » que les investisseurs traversent pour réhabiliter des quartiers auparavant dévalorisés. Selon Smith, cette imagerie correspond à une idéologie plus large qui vise à donner un caractère naturel, inévitable, à un processus conduisant à l'exclusion des classes populaires : « *The frontier imagery is neither merely decorative nor innocent, therefore, but carries considerable ideological weight. Insofar as gentrification infects working-class communities, displaces poor household, and converts whole neighborhoods into bourgeois enclave, the frontier ideology rationalizes social differentiation and exclusion as natural, inevitable.* » (Smith, 1996 :16).

Selon lui, le processus, résultant à la base de la structure du marché immobilier et des comportements des acteurs privés, connaît une nouvelle phase de développement depuis les années 90 : il a été récupéré et construit en politique urbaine par de nombreuses municipalités pour valoriser leurs centres, rendre leurs villes plus attractives et favoriser leur essor ou reconversion économique (Smith, 2003 : 160). C'est, d'après l'auteur, la troisième vague de la gentrification, caractérisée par une «*généralisation de la gentrification* ». Il en dégage cinq dimensions caractéristiques : le nouveau rôle de l'Etat, qui a renversé l'équilibre du partenariat privé-public pour se plier aux lois de l'économie, la globalisation du capital financier, la diffusion de la gentrification au-delà du périmètre central, l'opposition « anti-gentrification » sévèrement réprimée durant les années 1980 et 1990 et enfin, ce qu'il appelle la « *généralisation de la gentrification sectorielle* » (ibid.). Caractérisée par une « *nouvelle combinaison de pouvoirs et de pratiques* », cette gentrification « complexe » lie divers acteurs, aussi bien le marché financier global que les commerçants locaux, qui sont tous incités par les pouvoirs locaux « *pour lesquels les retombées sociales sont désormais plus assurées par le marché que par leur réglementation* » (ibid.). Cette mise en relation des politiques urbaines avec la gentrification semble justifiée d'un point de vue empirique au regard de la situation en Angleterre et aux Etats-Unis. Les rapports de la *Urban Task Force* (Angleterre en 1999) et de *l'US Department of Housing and Urban Development's* (Etats-Unis en 1996) semblent en effet prescrire la gentrification comme remède au déclin des centre villes : « *Gentrification discourse and practices have permeated recent urban policy and urban politics* » (Lees, 2000 : 391). Je reviens sur cet aspect de la gentrification lorsque j'aborde la question de la méthodologie de ma recherche, car les politiques urbaines mises en place dans le centre historique de Palerme représentent un aspect important dans le processus de gentrification de certains quartiers. Mais la lecture classiste que fait Neil Smith au sujet du phénomène a fait l'objet de certaines critiques que je résume brièvement ici.

3.2.4. Critiques sur la position de Neil Smith

Fortement inspirées d'une lecture marxiste du phénomène, les positions de Neil Smith sont liées à un contexte de recherche qui est celui des rapports de domination entre « gentrifieurs » et habitants déplacés que connaissent de nombreuses métropoles américaines. Mais certains chercheurs y ont vu une tendance à condamner systématiquement le processus de gentrification qui masque certains aspects de la complexité du phénomène. La deuxième critique formulée à l'égard de la thèse développée par Neil Smith concerne « *la généralisation de la gentrification* » (Smith, 2003 : 161), qui souffre de nombreuses exceptions, car ce processus se caractérise justement par son hétérogénéité, aussi bien à l'échelle intra-urbaine qu'à l'échelle inter-urbaine. A cet égard, il faut relativiser cette critique car Neil Smith est parfaitement conscient du danger représenté par l'élaboration d'un modèle qui serait valable pour toutes les villes : « *ce serait cependant une erreur de considérer le « modèle new-yorkais » comme une sorte de paradigme et de mesurer les progrès de la gentrification dans les autres villes à l'aune des stades de la gentrification qui ont pu y être identifiés* » (Smith, 2003 : 160). La troisième critique faite sur sa position concerne la méthodologie utilisée. Neil Smith étudie en effet le phénomène en faisant uniquement appel aux mouvements de capitaux et au marché immobilier, privilégiant une approche située du côté de l'offre. Or plusieurs auteurs ont remis en question cette approche, en soulignant l'importance de la demande dans le processus de gentrification, privilégiant une perspective que Loretta Lees définit comme « culturelle » ou « postmoderne » (Lees, 2000).

3.2.4.1. La condamnation systématique du phénomène

Selon certains auteurs, les théories de Neil Smith tendent à réduire le débat à une confrontation entre les « méchants gentrifieurs » et les « pauvres prolétaires » éjectés des centres. En lisant l'un de ses ouvrages les plus fameux (Smith, 1996), le lecteur se retrouve avec l'impression que toute installation de personnes à revenus moyens ou supérieurs dans les quartiers pauvres est nuisible et provoque la dissolution de sa cohésion sociale. Selon Jacques Lévy, cette dénonciation systématique de la gentrification mène à des contradictions : « *Et que se passe-t-il lorsque [...] la « gentrification » atteint des banlieues populaires stigmatisées ou des inner cities demeurées pendant des décennies en état de déréliction avancée ? Va-t-on encore prétendre que c'est ce qui pouvait arriver de pire à ces quartiers ? Veut-on vraiment promouvoir le « ghetto heureux » comme modèle urbain légitime ?* » (Lévy, 2004, 2).

La condamnation systématique du phénomène pose des oeillères au chercheur, l'empêchant de saisir les mécanismes et les contradictions de la gentrification, si bien que la mixité sociale souvent élevée des centres urbains lui échappe : « *Il est vrai que la logique de la cohabitation entre riches et pauvres peut basculer vers une homogénéisation vers le haut (filtering-up) par le fait même que le quartier concerné se trouve revalorisé. Mais il peut exister aussi des contre-tendances, soit spontanées, soit renforcées par les politiques publiques, qui permettent aux populations les moins aisées de rester sur place. De fait, dans la plupart des grandes villes du monde, les espaces centraux offrent un niveau de mixité sociale plus élevé que les banlieues ou le périurbain»* (ibid.).

3.2.4.2. L'hétérogénéité du processus

Ainsi, il est indispensable de considérer l'hétérogénéité caractéristique du phénomène, qui touche inégalement un même territoire. Comme le soulignent White et Winchester, la gentrification se concentre dans certaines zones des centre villes : « *Gentrification requires both a migration of capital and a migration of population [...] The easiest way to ensure the necessary « critical mass » of capital and population for a satisfactory economic return is by concentrating gentrifying interests in limited areas.»* (White et Winchester, 1991, 36). S'attachant au cas de Paris, les deux auteurs focalisent leur attention sur des quartiers ayant « échappé » au processus et tentent d'en dégager des explications à travers une typologie de ces zones et de leur population respective. Ils distinguent deux types de quartiers non gentrifiés, l'un caractérisé par une stigmatisation (« *labeling* ») dû à une longue réputation de pauvreté ou de quartier du « vice » (prostitution) et l'autre caractérisé par un « enlaidissement » ponctuel (« *the blight phase* »), qui correspond à la phase de transformation que connaît un quartier en attente d'une gentrification imminente et dont les caractéristiques négatives sont accentuées. Ils en arrivent à la conclusion que ces zones abritent des populations pauvres très différentes, avec une plus haute proportion de personnes âgées dans la première, et un taux plus élevé de population étrangère ainsi qu'un plus haut degré de rotation dans la deuxième. L'apport principal de cette étude est de souligner les nuances et certaines contre-tendances que produit la gentrification dans la perspective de ma recherche sur le centre historique de Palerme.

Enfin, la prétendue globalisation de la gentrification souffre de nombreuses exceptions, du fait du caractère fondamentalement hétérogène du phénomène, que ce soit à l'échelle inter- ou intra-urbaine : « *elle ne se manifeste ni systématiquement dans toutes les agglomérations [...] ni uniformément dans les rues d'un cœur urbain* » (Gerber, 1999, 117). De ce fait, plusieurs auteurs insistent sur la nécessité de privilégier une « géographie de la gentrification » (Ley, 1996 ; Lees, 2000) en restant attentif aux spécificités que présente chaque espace gentrifié, aux différentes échelles géographiques et temporelles de la gentrification.

3.2.5. Les causes de la gentrification

Globalement, les thèses de Neil Smith manquent de nuances et s'attachent à expliquer le phénomène uniquement dans une perspective classiste, privilégiant le rôle de l'économie et de la production de l'espace urbain à travers ses analyses des mouvements de capitaux. Neil Smith est perçu comme étant le chef de file de l'école marxiste ou économiste, que plusieurs auteurs (Lees, 1994 ; Van Wesep, 1994) ont opposé à l'école culturelle ou postmoderne, à laquelle Butler (1997), Caulfield (1994) et Ley (1996) seraient rattachés. Ces derniers soulignent l'importance de la demande et de la consommation en focalisant leur attention sur les gentrifieurs et leurs désirs. De ce courant est née la thèse du centre ville comme « espace émancipatoire » (Caulfield, 1994), la manifestation spatiale de l'émergence d'une nouvelle classe moyenne (Ley, 1996), avec des conclusions et des jugements de valeur très différents (David Ley étant beaucoup plus critique que Caulfield à l'égard du « désir » des gentrifieurs d'investir dans les centre villes).

Je propose de revenir ici sur les deux types d'explications du processus de gentrification qui se sont affrontées ces dernières années et sur la lecture qui en a été faite. Nombreux sont les auteurs qui ont abordé ce dualisme à propos de la gentrification (Hamnett, 1991 ; Van Wesep, 1994 ; Lees, 1994, 2000), certains allant même jusqu'à qualifier les deux écoles « d'équipes » (Van Wesep, 1994). Les premières recherches rigoureuses sur le phénomène de la gentrification coïncident avec la période définie aujourd'hui comme le « tournant culturel » en géographie humaine. Dès lors, la tentation était forte de confronter les deux formes d'explications en les qualifiant de marxistes ou « économiques » (« *Marxist economic* »), pour parler des thèses soutenues par Neil Smith, et de « culturelles » ou « postmodernes » pour caractériser les positions de David Ley notamment. En fait, la distinction ne semble plus appropriée aujourd'hui et relève plutôt des confrontations théoriques de l'époque (années 80). Cependant, la priorité donnée à certains types de facteurs fait toujours débat. Deux séries d'arguments se retrouvent confrontés : l'une se situant dans la catégorie de l'offre et l'autre se situant du côté de la demande (Smith, 1986 ; Hamnett, 1991). La première thèse, surtout associée aux travaux de Smith, met l'accent sur la production de l'espace urbain, le fonctionnement des marchés foncier et immobilier, sur le rôle du capital et des acteurs collectifs tels que les promoteurs et les institutions de crédit foncier et de prêts hypothécaires pour l'offre de propriétés à gentrifier. Le concept-clé de cette école de pensée est la théorie du « rent-gap » (Smith, 1979, 1996), traduite en français par le « différentiel de loyer ». Pour Smith, la clé est constituée par la relation entre prix du terrain et prix de la propriété bâtie. Quand la dépréciation des constructions existantes est suffisamment avancée, on en arrive à la situation où la rente foncière du site ou du quartier est plus faible que la rente foncière potentielle *dans son meilleur usage*. C'est le différentiel de loyer et, selon Smith, la gentrification ou le redéveloppement peuvent alors se produire quand ce différentiel est suffisant pour assurer un profit : « *Lorsque le différentiel de loyer est suffisamment élevé, la gentrification peut se développer, dans un quartier donné, par différents acteurs, sur les marchés foncier et immobilier.*» (Smith, 1979, p. 545).

Dans cette théorie explicative, les « gentrifieurs » individuels de la classe moyenne ont beaucoup moins de poids que les actions collectives menées par les grands détenteurs du capital que sont les banques et les investisseurs actifs dans l'immobilier. « *The gentrification frontier is advanced not so much through the actions of intrepid pioneers as through the actions of collective owners of capital. Where such urban pioneers go bravely forth, banks, real estate developers, small-scale and large-scale lenders, retail corporations, the state, have generally gone before.* » (Smith, 1996, p.16-17).

Cette thèse s'oppose aux arguments du côté de la consommation, que certains auteurs ont classés dans une catégorie relevant du «*postmodern cultural*» (Lees, 1994, 2000 ; Van Wesep, 1994) soutenue notamment par David Ley et Caulfield. Dans cette théorie explicative, on met l'accent sur la production des gentrifieurs et sur leurs orientations en matière de culture, de consommation et de reproduction. Les auteurs vont donc se positionner du côté de la demande et s'attachent à expliquer la gentrification en partant du point de vue des « gentrifieurs », issus de ce que David Ley appelle la « nouvelle classe moyenne » et de leur désir de créer un espace émancipatoire. Attirés par les ressources du centre ville, les « gentrifieurs » représentent souvent une composante des mouvements contestataires des années 60. Ils retrouvent dans le centre ville un espace de la différence qui serait propice au développement d'une forme de tolérance (Lees, 2000). Ces thèses se focalisent donc sur l'étude de cette nouvelle classe moyenne, qui serait l'agent principal de la gentrification, et sur les conditions qui attirent cette population vers le centre-ville. Dans cette perspective, les « *cultural amenities*» du centre-ville (Ley, 2003) jouent un rôle d'attraction considérable. Ainsi, plusieurs auteurs ont montré que l'art et le développement de communautés artistiques ont joué un rôle important dans le processus de gentrification de plusieurs centre villes. Cependant, David Ley avait déjà appelé à un rapprochement entre les deux écoles de pensée

(Ley, 1986) et il l'a réaffirmé récemment (Ley, 2003) dans une étude qui montre comment les communautés artistiques sont souvent produites par les organismes de développement et de revalorisation de différents quartiers. Ainsi, il démontre que les deux facteurs (offre et demande) sont en fait complémentaires et n'agissent pas de façon autonome.

Depuis maintenant une dizaine d'années, de nombreux auteurs appellent à un rapprochement entre les deux écoles de pensée (Van Wesep, 1994 ; Lees, 1994, 2002) parce qu'elles représentent « *les deux côtés d'une même pièce* » (Lees, 1994). En effet, la gentrification implique à la fois un changement dans la composition sociale des résidents d'un quartier, et un changement dans la nature du parc de logements (en particulier dans le statut d'occupation, les prix, les conditions, etc.). Aussi une explication adéquate de la gentrification doit-elle concerner ces deux aspects du processus, c'est-à-dire les logements et les résidents. David Ley a été l'un des premiers chercheurs à relever les forces et les faiblesses des deux théories explicatives, et l'un des premiers à remarquer qu'elles devaient être mises en parallèle pour aboutir à une explication complète du phénomène. Cette volonté de réunir les apports des deux thèses explicatives a ensuite été reprise par Chris Hamnett : « *chacune des deux grandes explications qui ont été avancées pour rendre compte du processus de gentrification est une explication partielle, nécessaire mais non suffisante. Une explication complète de la gentrification doit à la fois tenir compte de la production des quartiers dévalorisés et de logements dégradés, et de la production de gentrifieurs et de leurs modes spécifiques de consommation et de reproduction* » (Hamnett, 1991 :1).

Ce retour sur les théories explicatives de la gentrification me permet d'aborder trois aspects importants dans le cadre de mon étude. Tout d'abord, la recherche réalisée dans le centre historique de Palerme ne peut ignorer cette confrontation théorique et c'est pourquoi je tente de ne privilégier aucune des deux théories explicatives, en analysant aussi bien le rôle de l'offre sur le marché de l'immobilier que de la consommation dans le processus de gentrification pour avoir une vision aussi complète que possible. Et s'il m'arrive de privilégier un aspect plutôt que l'autre, ce sera fait de manière consciente et transparente.

Ensuite, la confrontation entre les deux écoles de pensée conduit à considérer les différentes méthodes employées. Car si la théorie située du côté de l'offre privilégie les méthodes quantitatives (à travers des comparaisons sur le prix des sols ou l'évolution du marché immobilier), l'argumentaire portant sur la consommation a utilisé plus généralement des méthodes qualitatives en mettant l'accent sur des entretiens avec les « gentrifieurs » (Lees, 2000). Ainsi, les méthodes utilisées dans le cadre de cette recherche alternent entre des démarches quantitatives et des démarches qualitatives, de façon à privilégier une approche globale du processus de gentrification dans le centre historique de Palerme.

Enfin, plusieurs auteurs s'accordent pour penser que la confrontation entre les deux écoles de pensée a parfois entravé l'explication de certains phénomènes liés à la gentrification sur lesquels je reviens ici, en citant les travaux de Loretta Lees. Selon elle, ce débat a mené à une impasse théorique, qui a contribué à négliger certains aspects importants du processus de gentrification. Elle invite ainsi les chercheurs à approfondir quatre thèmes : ce qu'elle nomme la « super-gentrification », c'est-à-dire la gentrification liée au monde de la finance, l'immigration des pays du Sud dans les villes globales, la gentrification et les minorités ethniques et enfin, le rôle des politiques urbaines dans le processus de gentrification (Lees, 2002 : 402). C'est sur les relations entre gentrification et minorités ethniques que cette monographie se propose d'apporter une modeste contribution, et c'est l'objet du prochain chapitre.

3.3. GENTRIFICATION ET COMMUNAUTES IMMIGREES

3.3.1. Une littérature lacunaire

Alors que de nombreux chercheurs orientés vers la thèse du centre ville comme espace émancipatoire ont traité abondamment les tensions entre genre, sexualité, classes sociales et gentrification, les études concernant les minorités ethniques dans ce contexte sont assez rares : « *To date class and gender studies of gentrification have far outweighed studies of ethnicity and race. Gentrification researchers could explore in much more detail the relationship between race, ethnicity and gentrification* » (Lees, 2000 : 400). Néanmoins, certaines recherches récentes se sont penchées sur cette thématique et c'est pourquoi je propose de retracer dans les grandes lignes les résultats de différentes enquêtes consacrées à ce sujet.

Neil Smith figure parmi les premiers auteurs s'étant intéressé à la tension entre gentrification et minorités ethniques à travers plusieurs études consacrées au quartier de Harlem (Schaffer et Smith, 1986 ; Smith, 1996). Il en ressort une opposition entre les « gentrifieurs » blancs de classe moyenne qui prennent la place des noirs de la classe ouvrière. Dans la thèse de Neil Smith, les membres d'une minorité ethnique sont perçus comme ceux qui subissent les conséquences du processus de gentrification. Ainsi, il suggère que la globalisation de la gentrification « *représente la victoire de certains intérêts économiques et sociaux, en général à dimension classiste et parfois raciale, sur d'autres* » (Smith, 2003 : 163).

La vision de la relation entre gentrification et minorités ethniques a longtemps été caractérisée par cette simple dichotomie opposant les gentrifieurs blancs aux victimes déplacées issues des communautés immigrées. Pour mesurer la gentrification, Spain (1980) a carrément utilisé le critère suivant : « *the number of whites replacing blacks in central-city housing* » (Spain, 1980). Cet exemple illustre assez bien ce présupposé fortement ancré dans la littérature qui consiste à définir les acteurs de la gentrification comme étant forcément blancs. De la même manière, Wilson associe le processus à un « *racial turnover and black residential decreases* » (Wilson, 1992 : 123).

3.3.2. Une relation plus complexe

Or, d'autres auteurs ont montré qu'il existe également une gentrification dont les agents font partie des communautés immigrées. En ce qui concerne le cas de Harlem, Taylor souligne l'importance des gentrifieurs noirs de classe moyenne, qui bien souvent travaillent dans le centre et vivent dans ce quartier, se retrouvant confrontés à un « dilemme de différence » (Taylor, 1992). La recherche de Jane Jacobs sur le quartier de Spitalfields à Londres tend elle aussi à relever le caractère plus complexe que la simple dichotomie gentrificateurs blancs contre immigrés victimes déplacées. Elle révèle ainsi la politisation de la communauté Bengali, à travers une réaffirmation de l'identité Bengali et la construction d'une « Banglatown » comme conséquence du déplacement de cette communauté dû à la gentrification (Jacobs, 1996).

Plus récemment, Bostic et Martin (2003) ont publié une étude détaillée concernant une cinquantaine de centre villes américains gentrifiés sur une période allant de 1970 jusqu'au début des années 90. Leur recherche fait l'hypothèse que les propriétaires issus des communautés immigrées ont été des acteurs dans le processus de gentrification. Basée sur des données concernant des propriétaires de la communauté noire, cette étude montre que ces derniers ont effectivement eu une influence marquée dans ce processus durant les années 70, mais peu dans les années 80. L'intérêt de cette étude réside surtout dans les théories explicatives que donnent les auteurs pour interpréter ces résultats. Ainsi, Bostic et Martin soulignent l'influence de la politique immobilière américaine et de ses transformations pour expliquer les différences relevées entre les années 70 et 80. Selon eux, les restrictions basées sur l'ethnie (« *race-based restrictions* ») ayant eu cours dans les années 70 dans la politique immobilière ont limité les choix des propriétaires afro-américains à des quartiers « gentrifiables », faisant alors de ces derniers des acteurs dans le processus de gentrification. En revanche, les efforts entamés à partir des années 60 en matière de lutte contre la discrimination dans le marché immobilier (la *Fair Housing Act* de 1968) ont commencé à produire leurs effets dans les années 80 permettant ainsi aux propriétaires afro-américains d'entrer dans des quartiers plus aisés qui n'étaient dès lors plus « gentrifiables ». Selon les auteurs, cette situation explique en partie la moindre influence des propriétaires noirs dans le processus de gentrification. Cette étude me permet de porter mon attention sur le rôle des politiques de logement dans les relations entre gentrification et communautés immigrées, que je suis amené à examiner dans le cadre de ma recherche à Palerme.

Enfin, une recherche récente consacrée à différents quartiers de la ville de Toronto s'attache à un autre processus dans la relation entre minorités ethniques et gentrification. À travers une étude sur *Little Italy*, *Greektown on the Danforth*, *Corso Italia* et *India Bazaar*, Jason Hackworth et Josephine Rekers montrent comment les BIA (*Business Improvement Area*) ont mis en valeur le caractère ethniquement connoté de ces quartiers pour attirer de jeunes cadres et de nombreux touristes. Grâce à de nombreuses données sur l'évolution des valeurs immobilières, les activités commerciales et les caractéristiques résidentielles de ces différents secteurs, ils explorent le rôle joué par la construction de l'ethnicité dans la gentrification de ces quartiers. Ils aboutissent à deux conclusions qui me paraissent extrêmement intéressantes dans la perspective de mon étude. Premièrement, ils constatent que l'organisation de quartiers labellisés « ethniques » (« *ethnic packaging* ») fonctionne potentiellement comme un facteur explicatif de la gentrification, de la même manière que l'art et le développement de communautés artistiques décrites par David Ley que j'ai mentionnées ci-dessus. Deuxièmement, leur étude pose un défi aux théories traditionnelles sur le commerce ethnique, qui envisagent l'installation de ces commerces comme une extension de l'installation résidentielle des communautés immigrées à proximité. Or leur recherche démontre que de nombreux commerces ethniques demeurent dans ces quartiers, alors que les résidents qui y étaient liés se sont déplacés vers les périphéries.

Les différents exemples cités ci-dessus, bien qu'ils concernent des villes où la présence des communautés immigrées est plus importante tant du point de vue quantitatif que du point de vue de la durée des flux, doivent être pris en considération dans le cadre de ma recherche à Palerme. Ils permettent de distinguer trois aspects importants de la relation entre gentrification et communautés immigrées :

- L'importance du degré de cohésion d'une communauté dans sa participation au processus de gentrification. C'est l'information principale que je retiens de l'ouvrage de Jane Jacobs au sujet de la communauté du Bangladesh dans le quartier de Spitalfields.

- Le rôle joué par les politiques publiques en matière de logement. En me référant à l'article de Bostic et Martin, je peux noter que certaines politiques publiques en matière de logement favorisent la participation de minorités ethniques dans le processus de gentrification alors que d'autres politiques publiques constituent des barrières au développement d'un tel processus.

- La mise en valeur du caractère « ethnique » d'un quartier favorise la participation de certaines communautés immigrées dans le processus de gentrification. C'est le principal argument de l'étude menée par Hackworth et Rekers dans les quartiers « ethniques » de Toronto.

Cette étude se propose d'analyser les relations entre gentrification et minorités ethniques pour deux raisons principales. Tout d'abord, parce qu'elle vise à apporter une petite contribution dans une littérature qui présente quelques lacunes dans ce domaine, comme en témoigne l'appel de Loretta Lees à s'intéresser de plus près au rapport entre communautés immigrées et gentrification : « *The issue of race and gentrification is an avenue that calls for further investigation, for detailed empirical studies of the kind that Butler (1997) and Bondi (1999a) have undertaken vis-à-vis class and gender* » (Lees, 2000, 399).

Ensuite, parce que la ville de Palerme semble représenter un contexte approprié pour effectuer une recherche de ce type. Son centre historique, laissé à l'abandon pendant de nombreuses années et devenu un pôle d'attraction pour de nombreuses communautés immigrées, connaît depuis les années 90 une politique de réhabilitation propice à l'apparition du processus de gentrification.

4. QUESTIONS DE RECHERCHE

4.1. VERS UNE TYPOLOGIE DES RELATIONS

La question principale de recherche (voir chapitre 2) aborde la problématique des relations entre la gentrification et les communautés immigrées de manière très générale. L'apport théorique de la littérature sur la gentrification permet de formuler une série de sous-questions plus spécifiques qui tiennent compte des différentes influences que peuvent avoir chacun des acteurs. Compte tenu des enquêtes précédentes s'attachant à analyser les relations entre gentrification et communautés immigrées, je pars du présupposé que ces relations présentent plusieurs cas de figure, que je propose de catégoriser grâce à une typologie. A chaque type de relation correspond une question de recherche.

4.1.1. L'éviction

Le premier cas de figure possible présente une relation que l'on pourrait comparer à celle décrite par Neil Smith dans le quartier de Harlem. Il est en effet possible d'imaginer une influence marquée du processus de gentrification sur l'installation des communautés immigrées. Dans ce cas de figure, les minorités ethniques subissent l'impact du processus et ce type de relation peut mener au déplacement des communautés immigrées ou générer des conflits autour de l'appropriation du territoire. Dans cette perspective, je propose une deuxième série de sous-questions :

Question 2 : Quel est l'impact du processus de gentrification du centre historique sur la localisation et les activités des communautés immigrées ? Y a-t-il des tensions entre les acteurs du processus de gentrification et certaines communautés immigrées ?

4.1.2. La permanence

Dans la typologie des relations que je me propose d'effectuer, un autre cas de figure est susceptible d'émerger. Lorsque le processus de gentrification est entamé, on peut imaginer que les communautés immigrées trouvent le moyen de rester sur place grâce à des stratégies collectives ou par le truchement de politiques publiques en matière de logement. Cette situation possible me conduit à poser la sous-question suivante :

Question 3 : Quelles sont les stratégies mises en œuvre par les communautés immigrées pour leur permettre de rester sur place dans un quartier gentrifié ?

4.1.3. La participation

Enfin, un dernier type de relation me paraît envisageable : celui d'une participation active des communautés immigrées au processus de gentrification. Parmi les différentes études que j'évoque dans le chapitre précédent, certaines soulignent le rôle des minorités ethniques dans le processus en soulignant soit le rôle de la politisation d'une communauté[18], soit l'influence des politiques publiques de logement[19] ou l'attractivité constituée par le label ethnique de tel

---

[18] C'est le cas de la communauté du Bangladesh dans la gentrification du quartier de Spitalfields à Londres.
[19] Dans le cas du rôle joué par les propriétaires afro-américains dans la gentrification de différentes métropoles étasuniennes

ou tel quartier[20]. Ces études de cas m'encouragent à ne pas exclure ce type de relations en posant cette sous-question :

Question 4 : Certaines communautés immigrées jouent-elles un rôle dans le processus de gentrification ? Si oui, quel type de rôle est joué, avec quels moyens et selon quels mécanismes ?

Cette typologie des relations sur laquelle je base cette étude me conduit à poser une dernière sous-question, relative aux différents facteurs qui peuvent mener à un cas de figure plutôt qu'à un autre, que je formule ainsi :

Question 5 : Quels sont les facteurs qui permettent d'expliquer l'apparition d'un type de relation entre le processus de gentrification et les communautés immigrées ?

Les questions relatives à cette typologie de relations sont examinées dans le chapitre suivant, consacré aux objectifs et aux hypothèses de mon travail.

---

[20] Voir le cas de la gentrification de quartiers « ethniquement connotés » à Toronto

5. HYPOTHESES

Si l'on considère ma première question, la réponse de sens commun consisterait à postuler un éloignement des communautés immigrées du centre historique dû à la gentrification. Mais ce postulat me paraît simpliste car il fait abstraction de deux composantes essentielles dans le cadre de ma recherche. La première est constituée par l'hétérogénéité caractéristique du processus de gentrification, qui ne se développe pas uniformément à l'intérieur d'un territoire. La référence au texte de White et Winchester (White and Winchester, 1991) m'a permis notamment de dégager ce point : la gentrification et les intérêts qui y sont liés se concentrent dans certaines zones pour maximiser les profits qui en découlent. Il serait donc déraisonnable de supposer que le processus de gentrification se développe avec la même intensité sur tout le territoire du centre historique.

La deuxième objection concerne la nature même de ma démarche, qui refuse de considérer les communautés immigrées comme un bloc homogène et de les considérer comme des victimes passives. Cette vision réductrice ignore d'une part les tensions qui existent à l'intérieur des minorités ethniques mais aussi la capacité qu'ont les acteurs sociaux de développer des stratégies collectives pour intervenir et agir à l'intérieur du processus de gentrification. C'est pourquoi je propose l'hypothèse suivante pour ma recherche :

Hypothèse 1 : Il n'existe pas de relation de causalité univoque entre un processus de gentrification qui déboucherait sur un déplacement automatique des communautés immigrées, mais il existe plutôt une relation de réciprocité.

Les questions posées dans le chapitre précédent reflètent les hypothèses qui guident mon étude parce qu'elles envisagent la relation entre le processus de gentrification et les communautés immigrées comme un mécanisme complexe débouchant sur plusieurs cas de figure.

Le premier type de relation débouche sur un déplacement d'individus immigrés. Ainsi, quand je me demande quel impact aura la gentrification sur la localisation et les activités des communautés, ma question présuppose une certaine passivité des minorités ethniques face au phénomène. C'est pourquoi je relève la possible existence de tensions, voire de conflits entre les acteurs de la gentrification et les minorités ethniques, qui dans ce cas n'agissent pas dans le processus de gentrification. Ce cas de figure rappelle un peu les « batailles » autour du centre ville évoquées par Neil Smith dans sa théorie sur la « revanchist city » (Smith, 1996). Il doit être étudié pour déterminer le type d'acteurs concernés et les processus en œuvre dans ce type de situation. Je propose donc une deuxième hypothèse relative à ce cas de figure:

Hypothèse 2 : Certaines communautés immigrées subissent l'impact du processus de gentrification du centre historique et se retrouvent déplacées dans d'autres quartiers. Cette situation peut mener à l'apparition de conflits autour de l'appropriation du territoire.

Le deuxième cas de figure, que je nomme « la résistance », concerne la permanence des communautés immigrées dans des zones touchées par la gentrification. Cette hypothèse se base sur les « *contre-tendances* » évoquées par Jacques Lévy qui sont « *soit spontanées, soit renforcées par les politiques publiques, qui permettent aux populations les moins aisées de rester sur place* » (Lévy, 2004, 3). Ce deuxième type de situation est aussi étudié dans le dessein d'identifier les facteurs qui déterminent la pérennité de certaines communautés immigrées dans des secteurs ayant connu un processus de gentrification. Les questions posées dans le chapitre précédent correspondent particulièrement à ce type de situation puisque cette étude m'amènera notamment à analyser les politiques mises en œuvre dans un contexte de gentrification et les stratégies développées par certaines minorités ethniques pour rester sur place. L'hypothèse correspondant à ce cas de figure peut se formuler ainsi :

Hypothèse 3 : **Les stratégies mises en place par certaines communautés immigrées leur permettent de résister au processus de gentrification et de rester sur place dans un quartier gentrifié.**

Le troisième cas de figure se base sur le présupposé selon lequel les communautés immigrées peuvent jouer un rôle dans le processus de gentrification. J'émets ici l'hypothèse que certaines activités commerciales, culturelles ou sociales menées par certaines communautés leur permettent de devenir des acteurs de ce processus. Cette hypothèse se base principalement sur les trois cas présentés plus haut dans la littérature sur la gentrification. La recherche de Jane Jacobs dans le quartier de Spitalfields à Londres lui a permis de démontrer que la communauté Bengali a joué un rôle non négligeable dans la gentrification de ce quartier à travers sa politisation et la réaffirmation de son identité. L'étude de Bostic et Martin démontre l'influence des propriétaires afro-américains sur le processus de gentrification dans les années 70 et le rôle joué par la politique publique du logement dans cette relation. Enfin, la recherche menée par Hackworth et Rekers relève l'importance du label ethnique construit dans différents quartiers de Toronto dans le processus de gentrification. A cet égard, il est possible de faire une distinction entre une participation volontaire au processus de gentrification à travers l'achat et la transformation d'immeubles de la part de certaines communautés immigrées, et une participation involontaire qui verrait le caractère ethnique instrumentalisé par d'autres acteurs pour attirer les « gentrifieurs ». La dernière question que je pose dans le chapitre précédent tend justement à ne pas exclure ce genre de cas et analyser, le cas échéant, les acteurs et les processus en œuvre dans ce type de situation. Concernant ce type de relations, je propose l'hypothèse suivante :

Hypothèse 4 : Certaines communautés immigrées jouent un rôle actif dans le processus de gentrification à travers différentes formes de participation que peuvent être l'acquisition et la transformation d'immeubles, la mise en œuvre d'activités commerciales ou l'utilisation du caractère ethnique pour attirer les « gentrifieurs ».

Ma recherche se proposera donc de vérifier si cette typologie des relations est pertinente dans le cas du centre historique de Palerme, et si tel est le cas, de déterminer les facteurs qui mènent à un cas de figure plutôt qu'à un autre.

Ici, une autre série d'hypothèses vient s'ajouter à celles déjà émises. Ainsi, on peut imaginer certains types de facteurs permettant d'expliquer les raisons de l'existence des différentes situations évoquées ci-dessus.

Tout d'abord, le degré de cohésion à l'intérieur d'une communauté me semble être un facteur non négligeable dans la formation de tel ou tel cas de figure. En effet, l'étude de Jane Jacobs a permis de démontrer que le rôle important joué par la communauté bengalaise dans la gentrification du quartier de Spitalfields trouvait ses origines dans la politisation de cette communauté et l'affirmation de son identité (Jacobs, 1996).

Un autre facteur possible concerne le degré d'intégration à l'intérieur de la société palermitaine, qui est lui-même directement lié à la durée de l'établissement à Palerme et aux activités menées à l'intérieur de la ville. Il semble en effet évident que les membres d'une communauté installée depuis de nombreuses années à Palerme auront une meilleure connaissance des conditions de l'habitat et des activités à l'intérieur du centre historique. Leur meilleure connaissance du contexte urbain peut leur conférer un avantage par rapport au phénomène de gentrification, leur permettant par exemple de jouer un rôle à l'intérieur de ce processus.

Comme le souligne Lo Piccolo, le contexte de l'immigration à Palerme est extrêmement différencié, notamment en ce qui concerne les temps de l'installation et la mobilité élevée des migrants : « *Un ulteriore elemento di complessità è inoltre dovuto al carattere estremamente differenziato della presenza straniera a Palermo, in ragione del gran numero di etnie presenti, della diversità di tempi e modalità di immigrazione e insediamento, della elevata mobilità di molti immigrati (Gruttadauria, 1994 ; Lo Piccolo, 2000b)* »(Lo Piccolo, 2003, 202). Ici, je veux relever un aspect de l'immigration à Palerme et plus largement du Sud de l'Italie, qui me paraît important dans le cadre de ma recherche. Les données relevées par la fondation Caritas dans son rapport annuel sur l'immigration permettent de noter le nombre élevé de migrants initialement installés dans le Sud de l'Italie choisissant de se déplacer vers une autre région d'Italie : « *Per ogni 100 stranieri cancellati dalle anagrafi perché trasferitisi in qualche altra parte d'Italia, 67 scelgono una diversa Regione di destinazione rispetto a quella dove risiedono, mentre per gli italiani ciò capita 40 volte su 100* » (Caritas, 2005, 108). Ainsi, il existe deux types de projets individuels à l'égard de la ville de Palerme, certains individus ayant la volonté de s'installer durablement dans cette ville alors que d'autres la considèrent comme un simple point de départ vers d'autres destinations italiennes ou européennes. Cette réalité du contexte sicilien de l'immigration me paraît intéressante dans la mesure où le type de projet à l'égard de la ville peut constituer un autre facteur explicatif dans la constitution des différents cas de figure évoqués ci-dessus.

Enfin, il est probable que les politiques mises en œuvre dans le processus de réhabilitation du centre historique jouent un rôle dans les questions liées à la relation entre le processus de gentrification et les communautés immigrées. Ainsi, il existe différentes mesures visant à contenir les effets indésirables (comme le déplacement des anciens habitants) du processus, comme la mise en place de logements sociaux ou le plafonnement des prix des loyers par exemple. D'autre part, certaines politiques urbaines se révèlent plus sensibles que d'autres à la participation des minorités ethniques dans les choix urbanistiques menés par les pouvoirs publics. Il semble dès lors évident que les politiques urbaines à l'égard du centre historique peuvent constituer un facteur explicatif dans le développement des différentes situations que j'ai relevées. Ce thème semble d'autant plus intéressant que la ville de Palerme a connu ces dix dernières années deux administrations différentes, et donc deux manières d'appréhender ces problématiques.

Les différents facteurs explicatifs mis en évidence ci-dessus me conduisent à élaborer une dernière hypothèse :

Hypothèse 5 : L'apparition des différents cas de figure (déplacement, statut quo ou participation) peut s'expliquer par la présence de certains facteurs : le degré de cohésion à l'intérieur d'une communauté, le degré d'intégration à l'intérieur de la société palermitaine, les projets individuels à l'égard de la ville de Palerme et les politiques publiques de requalification du centre historique mises en place.

6. METHODES ET DONNEES

6.1. STRUCTURE DU TRAVAIL

Ce travail vise à étudier les relations qui s'instaurent entre le développement du processus de gentrification et les communautés immigrées présentes dans le centre historique de Palerme. Il est composé de trois parties :

- Une partie permettant de décrire le processus de gentrification dans le centre historique et d'identifier les lieux dans lesquels le phénomène se développe prioritairement.

- Une géographie historique des communautés immigrées, qui vise à comprendre l'évolution de la présence des migrants dans le centre historique et à élaborer une distribution spatiale de cette présence.

- Les deux premières parties permettent d'identifier les lieux qui présentent des relations particulières entre le processus de gentrification et l'installation des communautés immigrées. Ces études descriptives débouchent sur la présentation de deux études de cas qui illustrent de manière plus détaillée la relation entre les deux phénomènes.

6.2. LE PROCESSUS DE GENTRIFICATION : PRESENTATION DES DONNEES

6.2.1. Choix méthodologiques

La description du processus de gentrification dans le centre historique de Palerme repose sur une série de choix méthodologiques qui doivent conduire à mesurer le phénomène et à identifier les lieux dans lesquels il se développe prioritairement.

Le contexte dans lequel se déroule cette étude incite à aborder le développement du processus de gentrification à l'aune des politiques publiques en matière de réhabilitation du centre historique. Quatre raisons principales motivent ce choix, la première étant liée au contexte scientifique dans lequel s'inscrit cette recherche et les trois suivantes découlant de la réalité palermitaine:

- Une brève étude de la littérature permet de démontrer que la gentrification, sans être explicitement nommée, a pénétré dans les discours et les pratiques des politiques urbaines (Lees, 2000 : 391) et est souvent considérée par les pouvoirs publics comme un remède au prétendu « déclin des centre villes ». Pour Neil Smith, c'est l'alliance entre l'urbanisme public et le capital privé qui représente la dimension principale de ce qu'il appelle « la nouvelle phase de gentrification ». Alors que les années 70 étaient marquées par des politiques urbaines progressistes et interventionnistes, la période actuelle se caractérise par le retrait de ces politiques au profit d'une alliance entre le capital public et privé qui a contribué à faire de la gentrification une politique urbaine à part entière : « *en cette fin de XXe siècle, la gentrification, en tant qu'alliance concertée et systématique de l'urbanisme public et du capital, privé et public, a rempli le vide laissé par le retrait des politiques urbaines progressistes.* » (Smith, 2003, 160). Ainsi, il considère la gentrification comme « *une stratégie urbaine cruciale pour les municipalités* » (Smith, 2003, 161). Dans un contexte marqué par la concurrence entre les villes et le retrait des politiques publiques à l'échelle nationale, le processus de gentrification (qui se cache souvent sous les termes de « régénération urbaine » ou de

« requalification des centre villes ») peut être considéré comme un atout pour capter les flux d'investissements et de touristes, ce qui explique sans doute l'attitude bienveillante des municipalités à l'égard du phénomène. Cependant, Loretta Lees relève que cet aspect n'a pas été assez développé dans la littérature sur la gentrification des années 90 : « *The gentrification literature in the 1990s only touched upon issues of urban policy and urban politics. These issues are important ones that need to be dealt with in more detail.* » (Lees, 2000 : 391).

- La réalité palermitaine et celle du Sud de l'Italie se caractérisent par un élément fondamental : l'enchevêtrement marqué du domaine politique et du secteur économique, lié à la faiblesse du système de production qui doit faire appel à l'appareil d'Etat pour combler ses carences. Cette caractéristique est relevée par Vincenzo Guarrasi, directeur de l'Institut de géographie de l'Université de Palerme : « *dal punto di vista economico produttivo,* [Palermo] *soffre di una debolezza di fondo, e quindi, nel processo di produzione, di accumulazione di ricchezza ha un ruolo decisivo lo Stato e le sue articolazioni, che pilota i processi economici e che in qualche misura li induce* [...] *E allora quello che penso sarà vero un po dapertutto, cioè che c'è un forte intreccio fra la dimensione economica vera e propria e la politica, qui ha un area di sovrapposizione maggiore, perché la politica incide di più.* »[21]. L'histoire palermitaine récente offre suffisamment d'exemples de cet enchevêtrement qui voit l'appareil politique et le système économique converger pour ne représenter qu'une seule et même entité. Dans ce contexte, la réalité palermitaine se prête particulièrement à l'analyse du processus économique que représente la gentrification à travers l'étude des politiques urbaines en matière de requalification du centre historique.

- A Palerme, la mise en œuvre du processus de requalification du centre historique est intimement liée à la politique menée par Leoluca Orlando, qui en a fait son véritable cheval de bataille lorsqu'il a été élu à la tête de la ville. A travers l'élaboration d'un plan détaillé pour la réhabilitation du bâti et une série d'initiatives visant à revaloriser le territoire, l'administration Orlando a investi beaucoup de moyens pour que les habitants se réapproprient ce centre historique laissé à l'abandon depuis la fin de la Deuxième Guerre Mondiale. Leoluca Orlando a ainsi fondé une bonne partie de sa politique sur une redécouverte identitaire et populaire du centre historique, évoquant la « *rinascità* »[22] ou la « *primavera* »[23] de Palerme et maniant les symboles pour réinventer l'identité de ce lieu qui avait perdu la mémoire. Cette politique menée jusqu'à l'an 2000 a transformé le visage du centre historique à travers des interventions sur le bâti, mais aussi sur les activités économiques et culturelles de ce lieu. Compte tenu de l'importance des politiques publiques sur le processus de gentrification et du fort enchevêtrement qu'il existe à Palerme entre les secteurs politique et économique, l'étude des effets de la politique de revalorisation du centre historique sur le processus de gentrification semble justifiée dans le cadre de ce travail.

- Enfin, cette recherche se situe à la fin du premier mandat de Diego Cammarata à la tête de la ville. D'une orientation politique différente de celle de l'administration Orlando, la junte Cammarata a poursuivi le processus de requalification du centre historique, en se démarquant de ses prédécesseurs du point de vue des pratiques et

---

[21] « du point de vue économique et productif, [Palermo] souffre d'une faiblesse de fond et donc, dans le processus de production, d'accumulation de richesse, l'Etat et ses articulations ont un rôle décisif, parce qu'il pilote les processus économiques et en quelque sorte il les induit. [...] Et alors je pense que si ceci est vrai un peu partout, ce fort enchevêtrement entre la dimension véritablement économique et la politique, il a ici une aire de superposition majeure, parce que la politique a une incidence majeure. »

[22] « la renaissance »

[23] « Le printemps »

des discours . Dans ce contexte, il est intéressant de comparer les moyens qui ont été mis en œuvre dans la réhabilitation du centre historique par les deux administrations et les effets différents qu'ils produisent sur le processus de gentrification.

Pour toutes ces raisons, j'ai choisi de décrire le processus de gentrification en deux étapes : d'abord en m'intéressant à la politique menée par l'administration Orlando et ses effets sur le processus de gentrification, puis en analysant la politique de la nouvelle administration et ses conséquences sur le processus. Quels ont été les choix et les pratiques des deux dernières administrations en matière de requalification du centre historique, avec quels effets sur l'ampleur et la localisation du processus de gentrification? Telle est l'interrogation qui guide cette première phase du travail avec, en filigrane, ce présupposé : les discours et les pratiques des pouvoirs publics ont un fort impact sur le processus de gentrification. Ce travail, à la fois descriptif et comparatif, repose sur une définition du processus de gentrification qui permet de dégager une série de critères visant à mesurer le phénomène et identifier les lieux privilégiés dans lesquels il se développe.

6.2.2. Définition du concept

La mesure du processus de gentrification doit d'abord reposer sur une définition qu'un consensus dans la littérature a permis de dégager. Mon choix se porte sur la définition que Hamnett a proposée parce qu'elle me semble la plus complète. Il la définit comme « *phénomène à la fois physique, économique, social et culturel. La gentrification implique en général l'invasion de quartiers auparavant ouvriers ou d'immeubles collectifs en dégradation par des groupes de classes moyennes ou aisées et le remplacement ou le déplacement de beaucoup des occupants originaux de ces quartiers. Cela implique la rénovation ou la réhabilitation physique de ce qui était auparavant un stock de logements très dégradés et son amélioration pour convenir aux besoins des nouveaux occupants. Au cours de ce processus, le prix des logements situés dans les quartiers concernés, réhabilités ou non, augmente fortement.*» Hamnett (1984, p. 284). À partir de cette définition, il est possible d'extraire des caractéristiques pouvant être analysées et mesurées.

6.2.3. Les critères retenus et les données qui s'y rapportent

Pour mesurer le processus, une série de critères basés sur la définition de la gentrification proposée par Chris Hamnett sont retenus. Pour des raisons liées à la nature des données disponibles, le choix s'arrête à trois critères : la réhabilitation du bâti dégradé, l'évolution du marché immobilier et les transformations de la composition sociale des habitants du centre historique. L'analyse de ces données se base principalement sur une démarche quantitative, qui doit répondre à ces questions :

- Est-ce que le centre historique de Palerme connaît un processus de gentrification ?
- Pourquoi et comment se développe-t-il ?
- Quels sont les lieux privilégiés du développement du processus de gentrification ?
- Pourquoi se manifeste-t-il dans un quartier plutôt que dans un autre ?

6.2.3.1. La réhabilitation du bâti

Dans le contexte palermitain, la réhabilitation du bâti est largement tributaire des politiques publiques en matière de requalification du centre historique et des plans urbanistiques qui s'y rapportent. Ce travail s'attache donc à analyser et à comparer les discours et les pratiques des administrations Orlando et Cammarata dans leurs politiques de réhabilitation du bâti en tentant de comprendre quelle a été leur influence dans le développement du processus de gentrification. Cette recherche se base principalement sur l'analyse de documents officiels, notamment sur le texte du Ppe et divers communiqués publiés par les administrations Orlando et Cammarata qui constituent une source de données particulièrement importante, et les articles parus dans la presse régionale et nationale.

6.2.3.2. L'évolution du marché immobilier

Pour mesurer le phénomène et identifier les lieux prioritairement touchés par la gentrification, la deuxième porte d'entrée consiste à analyser l'évolution du marché immobilier. Hamnett relève l'importance de l'augmentation des prix des logements dans le processus : « *Au cours de ce processus, le prix des logements situés dans les quartiers concernés, réhabilités ou non, augmente fortement* » (Hamnett, 1984 : 284). Comme je l'ai souligné dans le chapitre consacré aux méthodes de travail, cette démarche se révèle efficace pour mesurer le processus parce qu'elle est relativement aisée à réaliser, et parce que l'évolution du prix des terrains constitue un bon indicateur du processus de gentrification. L'évolution du marché immobilier représente d'une part une conséquence de la réhabilitation du bâti et d'autre part une des causes principales de la transformation de la composition sociale d'un quartier, la hausse des prix des loyers ayant un effet discriminatoire dans la recherche d'une habitation. L'analyse de ces données permet à la fois d'évaluer l'ampleur des transformations que connaît le centre historique et d'identifier les quartiers dans lesquels le processus de gentrification se manifeste prioritairement.

L'étude de l'évolution du marché immobilier se base sur une combinaison de données provenant de l'*Ufficio Centro storico* et de l'*Osservatorio Fiaip* (*Federazione italiana degli agenti immobiliari professionali*), qui proposent une estimation des prix des terrains au mètre carré pour le centre historique de Palerme. Le recours à deux sources de données est dû au fait que l'*Osservatorio Fiaip* ne fournit de données qu'à partir de l'année 2001 alors que l'*Ufficio Centro storico* propose une estimation des prix en 1995. Ainsi, les deux sources mises en parallèle permettent d'avoir une vision évolutive du phénomène sur une période de dix ans environ. Trois dates sont retenues : 1995, 2001 et 2006. L'année 1995 marque le début du processus de requalification du centre historique, l'année 2001 correspond à la fin de l'investiture d'Orlando et l'année 2006 représente la dernière année du premier mandat de Diego Cammarata à la tête de la ville. Les tableaux fournis par l'*Ufficio Centro storico* concernent uniquement le centre historique alors que les données de l'*Osservatorio immobiliare Fiaip* proposent des estimations pour dix grandes zones, dont l'une concerne exclusivement le centre historique. Malheureusement, aucune distinction des quartiers à l'intérieur du centre historique n'est disponible (sauf pour certains cas particuliers sur lesquels je reviens par la suite). Les données permettent d'établir une distinction en fonction de l'état des immeubles, ainsi il est question de maisons restaurées et de maisons à restaurer. Les chiffres donnés pour les prix des terrains bâtis sont des estimations qui indiquent une moyenne entre un prix minimum et un prix maximum. Pour les données datant d'avant 2002, les prix sont en lires, alors qu'ils sont en euros pour les données de 2006.

Pour une question de lisibilité, j'ai retravaillé les données en leur apportant quelques modifications. Ainsi, je n'ai retenu que trois zones de la ville sur la dizaine qui étaient relevées sur les tableaux fournis par l'*Osservatorio immobiliare Fiaip*. Le centre historique fait bien entendu partie des trois zones sélectionnées, mais aussi les quartiers de Politeama et celui de Libertà, qui sont adjacents.Ces deux derniers quartiers ont été choisis à titre de comparaison, parce qu'ils représentent les zones les plus attractives (et donc les plus chères) de la ville pour des raisons liées à leur centralité et à leur « bonne réputation » dans la mentalité des palermitains (je ne reviens pas ici sur les facteurs qui permettent d'expliquer cette situation, mais il est avéré que la bourgeoisie palermitaine y a élu domicile suite aux événements qui ont conduit au « sac » du centre historique). Puis j'ai effectué la conversion des prix en lires en euros pour l'année 2001.

6.2.3.3. La composition sociale des habitants

Le troisième critère retenu concerne la composition sociale des habitants et son évolution. La dimension sociale du processus de gentrification ne peut être ignorée, c'est pourquoi je choisis de la traiter en fonction des données disponibles pour le centre historique de Palerme.

Tout d'abord, une simple analyse de l'évolution du nombre d'habitants dans le centre historique permet d'avoir une vision globale du degré d'attractivité de cette partie de la ville. La gentrification étant un processus souvent défini comme un retour au centre ville des classes moyennes ou aisées, il s'agit en premier lieu de répondre à cette question : y a-t-il une augmentation du nombre d'habitants dans le centre historique de Palerme depuis le début du processus de revalorisation? Cette partie de l'analyse s'attache donc à relever l'évolution du nombre d'habitants dans le centre historique sur une période de vingt ans environ. Ce simple décompte ne suffit évidemment pas à définir clairement si un processus de gentrification est en marche ou non, c'est pourquoi il est affiné à l'aide de données concernant la profession des habitants du centre historique. Cette recherche sur l'évolution des catégories socio-professionnelles est celle qui m'a paru la plus appropriée parce que cette méthode a été utilisée dans de nombreuses recherches empiriques sur la gentrification (Atkinson, 2000 :152). La gentrification est en effet essentiellement perçue comme un processus de retour au centre des classes moyennes ou aisées : « *La gentrification implique en général l'invasion de quartiers auparavant ouvriers ou d'immeubles collectifs en dégradation par des groupes de classes moyennes ou aisées* » (Hamnett, 1984 : 184). Dès lors, l'une des méthodes utilisées pour mesurer ce phénomène consiste à analyser l'évolution du statut professionnel des habitants, en portant l'attention notamment sur l'augmentation de cadres ou de professions libérales.

L'analyse de la transformation de la composition sociale des habitants du centre historique a été réalisée grâce aux données fournies par l'*Observatorio sulla condizione sociale della città di Palermo* et par l'*Ufficio Statistico del Comune*, qui se basent toutes deux sur les chiffres de l'état civil, et à travers des entretiens semi-directifs auprès d'interlocuteurs privilégiés. Les données fournies par le responsable de l'*Ufficio statistico del Comune*, Monsieur D'Anneo, sont issues des recensements de la population effectués en 1991 et en 2001. L'absence de données plus récentes constitue une relative faiblesse dans le cadre de cette étude parce qu'elle ne permet pas d'analyser la transformation de la composition sociale des habitants depuis le premier mandat de Diego Cammarata. Par ailleurs, ces données possèdent l'avantage de proposer des références spatiales et une distribution spatiale en fonction des quartiers d'appartenance a pu être effectuée.

Ces données répertorient les habitants du centre historique de Palerme en fonction de leurs professions. Elles permettent ainsi d'observer l'évolution du taux de chômage dans cette partie du territoire et les types de professions exercées par la population active. Quatre catégories de professions sont ainsi répertoriées :

- Les entrepreneurs et professions libérales (*Impreditori e liberi professionisti*)
- Les travailleurs indépendants (*Lavoratori in proprio*)
- Les collaborateurs (*Coadiuvanti*)
- Les employés (*Lavoratori dipendenti*)

Dans le travail de présentation de ces données, j'ai choisi de focaliser mon attention sur trois aspects des catégories professionnelles des résidents du centre historique :

- L'évolution du taux de chômeurs
- L'évolution du nombre de personnes exerçant des professions libérales
- L'évolution du nombre d'employés

Ces choix se justifient pour deux raisons. D'une part, les méthodes utilisées dans les recherches empiriques sur la gentrification se basent fréquemment sur ces trois aspects (Atkinson, 2000). D'autre part, la nature des données fournies par l'*Ufficio statistico del Comune* incite à restreindre l'étude à ces trois types de données parce que les autres catégories répertoriées présentent plusieurs types de problèmes liés soit à l'absence de données pour l'année 1991 ou à des résultats contradictoires qui ne présentent pas la fiabilité nécessaire à cette recherche. L'interprétation de ces données se base ensuite sur le présupposé selon lequel une augmentation des personnes exerçant des professions libérales, une diminution du nombre de chômeurs et une baisse du nombre des employés constituent des indices permettant de diagnostiquer le développement du processus de gentrification (Atkinson, 2000).

Les données fournies par l'*Ufficio statisca del Comune* permettent d'avoir une vue sur l'évolution des catégories professionnelles des habitants du centre historique, mais il a été impossible de collecter des données relatives au niveau de formation de la population, et cette lacune constitue une relative faiblesse de ce travail si on le compare à d'autres recherches empiriques sur la gentrification, qui ont fréquemment recours à ce type de données.

La deuxième source de données provient de l'*Osservatorio sulla condizione sociale della città di Palermo* qui propose aussi une élaboration des chiffres publiés par l'Etat civil et permet de relever le nombre de résidents dans le centre historique chaque année depuis 2003. Ces données, mises en parallèle avec les chiffres fournis par l'*Ufficio statistico del Comune*, permettent de suivre l'évolution du nombre de résidents dans le centre historique depuis 1951 jusqu'en 2006. Malheureusement, ces données ne permettent pas d'effectuer une distinction à l'échelle des quartiers, ce qui représente un obstacle dans l'identification des lieux connaissant un processus de gentrification.

6.2.3.4. La méthodologie qualitative

Les données présentées pour l'étude des trois critères retenus s'appuient principalement sur une méthodologie quantitative, mais une partie importante de la description du processus de gentrification se base sur des méthodes qualitatives. La réhabilitation du bâti, l'évolution du marché immobilier et la transformation de la composition sociale des habitants sont des thèmes abordés avec différents observateurs et acteurs du processus de requalification du centre historique. Un aspect important du processus de gentrification est constitué par les représentations que les habitants ont quant au degré d'attractivité de certains quartiers. L'utilisation d'entretiens semi-directifs auprès d'interlocuteurs privilégiés tente de capter certaines représentations que l'analyse quantitative ne fournit pas quant aux facteurs qui attirent les couches moyennes et supérieures dans le centre historique. Cette analyse se base sur la théorie des « goûts et des préférences » des gentrifieurs élaborée par David Ley (1986, 1996, 2003), Caulfield (1994) et Butler (1997) et constitue un élément important du processus de gentrification parce que la réputation de certains quartiers constitue en soi un élément d'attraction. Cette analyse est basée sur des entretiens semi-directifs avec les interlocuteurs suivants :

- Vincenzo Guarrasi, directeur de l'Institut de Géographie de l'Université de Palerme. Monsieur Guarrasi a été choisi pour sa connaissance très fine des problématiques relatives au centre historique de Palerme et pour son regard de géographe sur les transformations que connaît cet espace aujourd'hui.

- Francesco Lo Piccolo, architecte, docteur de recherche en planification urbaine et territoriale, chercheur auprès du Département *Città e Territorio* de l'Université de Palerme. Ses nombreuses publications relatives aux problématiques de la ville multiethnique et de la planification urbaine m'ont amené à choisir cet interlocuteur pour me renseigner autant sur la présence des communautés immigrées à Palerme que sur le processus de réhablitation en cours dans le centre historique.

- Giovanni Mendola, responsable de l'agence immobilière *Zonacasa*. L'agence immobilière qu'il dirige fait partie d'une chaîne d'agences présentes dans toute l'Italie, elle est l'une des plus importantes de la ville de Palerme et elle est particulièrement active dans le centre historique. Monsieur Mendola a été choisi car sa fonction lui donne une très bonne connaissance à la fois de l'offre immobilière et de la demande des gentrifieurs potentiels dans le centre historique. Il apporte aussi des informations précieuses sur l'évolution du marché immobilier et l'attractivité de certains quartiers.

- Teresa Cannarozzo, architecte, directrice du Département *Città e Territorio* de l'Université de Palerme, elle est l'auteur de nombreuses publications sur la problématique de la requalification des centres historiques et celui de Palerme en particulier.

- Leoluca Orlando, maire de la ville de 1986 à 1990 puis de 1993 à 2000 et Emilio Arcuri, adjoint au maire de 1993 à 2000 et assesseur au centre historique de 1998 à 2000. Je tiens à préciser que ces deux entretiens n'ont pas été réalisés par mes soins et m'ont été fournis par Floriana Mistretta, ancienne étudiante à l'Université de Palerme, qui a consacré son travail de mémoire à l'étude des transformations que connaît actuellement le marché du *Capo*. Je me suis donc permis de citer certains passages issus de ces deux entretiens en accord avec l'étudiante qui les a réalisés.

- Davide Rampello, professeur de sciences de la communication à l'Université de Padoue, directeur de la Triennale de Milan, directeur de l'office *Grandi Eventi*[24] et concepteur du festival *Kals'Art*[25]. Monsieur Rampello a été appelé par l'administration Cammarata pour organiser différents événements culturels dans le centre historique de Palerme, il est donc un acteur important de la politique de réhabilitation menée par la nouvelle administration.

- Salvatore Cavalleri, responsable du *Laboratorio Zeta*, un centre social constitué le 20 mars 2001 par l'occupation d'un bâtiment abandonné. Cet organisme, qui n'est pas reconnu par l'administration communale, est très actif dans le secteur de l'immigration et du logement. Salvatore Cavalleri a été choisi parce qu'il est un usager fréquent des activités culturelles et sociales qui se déroulent dans le centre historique et pour sa connaissance générale des problématiques liées à la réhabilitation du centre historique de Palerme.

Par ailleurs, une série d'entretiens informels auprès des habitants du centre historique ont été menés et sont parfois utilisés dans le cadre de cette recherche.

Parallèlement aux entretiens semi-directifs, l'observation, accompagnée de prises de notes et de photographies, a constitué une étape importante dans la recherche que j'ai menée parce qu'elle m'a permis de lire, puis de décrypter et enfin de décrire les transformations urbaines que connaissait le centre historique. Cette démarche intuitive m'a vu arpenter cet espace à diverses périodes de l'année et à des horaires très différents.

---

[24] L'office « *Grandi Eventi* » est une structure mise sur pied par l'administration Cammarata et qui s'occupe d'organiser tous les plus grands événements culturels de la ville de Palerme, notamment le *Festino di Santa Rosalia*, qui est la fête que la ville dédie à sa patronne.

[25] Le festival *Kals'Art* est un événement culturel mis sur pied en 2004 qui se déroule dans le quartier de la *Kalsa* durant tout l'été. Je reviendrai sur l'organisation de ce festival.

Enfin, la recherche qualitative se base aussi sur l'analyse de documents officiels et d'articles de presse publiés par les médias régionaux et nationaux.

6.3. LA GEOGRAPHIE HISTORIQUE DES COMMUNAUTES IMMIGREES

Parallèlement à la recherche descriptive menée à propos de la gentrification du centre historique de Palerme, je dresse un tableau aussi complet de l'évolution de la présence des communautés immigrées dans le centre historique de Palerme. Toujours ancrée dans une perspective documentaire, cette entreprise comporte deux volets principaux correspondant pour l'un à une méthodologie quantitative et à une démarche qualitative pour l'autre.

6.3.1. La méthodologie quantitative

Tout d'abord, l'évolution de la localisation des communautés immigrées sur le territoire du centre historique est étudiée sur une période de cinq ans environ. Cette cartographie des communautés immigrées s'accompagne d'une identification des différentes origines et de leurs nombres respectifs.

Le nombre d'immigrés présents dans le centre historique est une donnée qu'il est très difficile de quantifier, les estimations officielles ne décrivant que certains aspects de cette réalité complexe puisqu'elles sont fondées sur les résidents étrangers avec un permis de séjour régulier. Or, la présence importante d'immigrés clandestins est une réalité qui contribue à maintenir un degré relativement élevé d'imprécisions dans l'enregistrement des données. Malgré ce biais, la présente étude se doit d'utiliser des données quantitatives qui permettent d'estimer le nombre de ressortissants étrangers et d'élaborer une distribution spatiale. Les données choisies pour ce travail sont celles fournies par l'Etat civil, qui sont considérées par tous les professionnels comme la source la plus fiable pour élaborer des statistiques démographiques à Palerme (Lo Piccolo, 2003).

Ces chiffres enregistrent la présence des étrangers résidents à partir de l'année 2001. Avant cette date, les données concernaient la ville dans sa totalité et ne permettaient pas d'effectuer une distribution spatiale dans les différentes circonscriptions et à l'intérieur des quartiers. Le caractère récent du phénomène de l'immigration à Palerme permet d'expliquer la quasi absence de données relatives aux étrangers résidents jusque dans les années 2000. La première étude sur ce thème a été réalisée en 1994 par l'Office de l'Immigration, mais elle concernait toute la province de Palerme, et il était nécessaire de recourir à des estimations pour appréhender le phénomène à l'échelle de la ville. L'absence de données pour les années précédentes ne permet malheureusement pas de proposer une géographie des communautés immigrées pour les dix dernières années comme j'espérais pouvoir le faire. Cependant, les données permettent d'avoir une perspective évolutive plus restreinte, et je propose d'exposer les chiffres concernant les résidents étrangers dans le centre historique pour les années 2001 et 2005. Ils possèdent l'avantage de fournir l'adresse des résidents étrangers et permettent donc une analyse affinée du point de vue de la distribution spatiale des migrants, qui peut s'effectuer à l'échelle des unités habitatives, appelées *sezioni*.

Par ailleurs, certaines données publiées par le *Centro interculturale « I colori del mondo* ont été utilisées dans la démarche quantitative. Les études de cet organe rattaché à la Commune de Palerme et à la Région sicilienne concernent principalement les caractéristiques démographiques des migrants. Les statistiques concernant les étrangers résidant à Palerme constituent la base de ce travail et sont traitées de manière à déboucher sur une répartition spatiale des résidents étrangers. Le but de cette démarche est de parvenir à élaborer une cartographie de la résidence des communautés immigrées que je peux ensuite superposer à l'étude sur la localisation du processus de gentrification.

6.3.2. La méthodologie qualitative

Une étude reposant uniquement sur la résidence des minorités ethniques dans le centre historique serait incomplète et statique car elle n'intègrerait pas les processus dynamiques que sont les activités menées par les communautés immigrées et les logiques compétitives qui en résultent. C'est pourquoi je me penche sur ces processus en me basant sur une série d'entretiens semi-directifs à l'intérieur des communautés immigrées. Je fais alors appel à des interlocuteurs privilégiés comme les représentants des communautés les plus importantes quantitativement. Cette démarche qualitative me permet notamment d'évoquer avec les principaux acteurs de l'immigration à Palerme certains aspects ne pouvant pas être décrits par l'analyse quantitative. Je pense notamment aux trajectoires migratoires des différentes communautés, à leurs activités principales, au degré d'intégration dans la société palermitaine et aux modalités d'installation dans le centre historique de Palerme. Cette analyse me permet d'aborder les facteurs identifiés dans le chapitre consacré aux hypothèses de travail permettant d'expliquer une participation dans le processus de gentrification.

Les interlocuteurs choisis pour les entretiens semi-directifs sont les suivants :

- Cettina Genovese, collaboratrice au centre d'accueil *Santa Chiara*, l'organisme d'entraide aux migrants le plus important du centre historique de Palerme. Elle a été choisie pour son expérience et sa connaissance de la problématique de l'immigration à Palerme. Elle a toujours résidé dans le centre historique de Palerme et possède ainsi une bonne connaissance de ses problématiques actuelles.

- Roton Mollick et Karen Basile, responsables de l'*UIL Immigrazione*, organe relié à l'assessorat aux politiques sociales de la Province de Palerme, centre d'information et d'assistance pour les immigrés résidant à Palerme. Karen Basile est par ailleurs journaliste à *La Repubblica*, dans l'édition de Palerme. Ces interlocuteurs ont été choisis pour leur connaissance de la thématique de l'immigration à Palerme en général et pour leur connaissance de la communauté chinoise en particulier, avec laquelle ils entrent souvent en contact dans le cadre de leur travail.

- Reda Berradi, médiateur culturel, doctorant en architecture dans l'Institut *Città e Territorio*. Il a été choisi pour son expérience dans le domaine de l'immigration à Palerme, parce qu'il est lui-même immigré marocain, et parce qu'il s'est engagé en faveur de l'occupation de bâtiments dans le centre historique.

Ces différentes approches me permettent d'avoir une vision d'ensemble de l'immigration dans le centre historique de Palerme et me conduit ensuite à superposer cette réalité avec celle du processus de gentrification pour identifier des lieux à l'intérieur desquels une relation particulière se développe.

6.4. LES ETUDES DE CAS

Le but de cette démarche descriptive est de superposer les deux aspects principaux de ma recherche, c'est-à-dire le processus de gentrification et la localisation des communautés immigrées. À partir de cette superposition, je fais émerger certains lieux qui présentent une relation particulière entre les deux processus. Après avoir identifié les différentes zones du centre historique sujettes à cette relation, je choisis deux cas présentant des caractéristiques différentes que j'analyse grâce à une recherche qualitative. Le choix de ces trois lieux repose sur le présupposé que je développe dans le chapitre consacré à mes hypothèses, selon lequel les tensions entre gentrification et communautés immigrées sont beaucoup plus complexes que le simple déplacement de ces dernières par des « gentrifieurs » autochtones. À travers une série d'entretiens à l'intérieur des communautés immigrées et des différents acteurs de la gentrification, je tente de vérifier la pertinence de la typologie des relations proposée dans le chapitre consacré aux hypothèses de travail.

6.4.1. Méthodes et données

Les deux études de cas sont le résultat de la combinaison d'une analyse quantitative basée sur les données fournies par l'*Ufficio statistico del Comune* et par l'*Osservatorio sulla condizione sociale della città di Palermo* et d'une analyse qualitative reposant sur des entretiens semi-directifs effectués chez des observateurs du processus de réhabilitation du centre historique et des acteurs du secteur de l'immigration à Palerme.

Le traitement des données quantitatives a été effectué par mes propres soins et a consisté à choisir les zones qui m'intéressaient, à dénombrer le nombre de migrants qui y résidaient pour chaque année et à les distribuer spatialement grâce à une carte fournie par l'*Ufficio statistico del Comune* pour pouvoir visualiser l'évolution de la présence des immigrés. Ce travail s'est révélé particulièrement long et posait de nombreux problèmes (choix de la délimitation du secteur étudié, données présentant des contradictions). De ce fait, des erreurs peuvent apparaître et ces informations ne doivent en aucun cas être considérées comme des documents officiels. Par ailleurs, le choix de la délimitation des deux quartiers sélectionnés de est de ma responsabilité et peut être sujet à discussion. J'ai choisi de les étudier séparément en raison de leur morphologie particulière et des pratiques différenciées qui s'y inscrivaient. Il est clair que les résultats auraient été différents si j'avais choisi d'élargir ou de restreindre les périmètres sélectionnés, c'est pourquoi je tiens à signaler l'influence des choix que j'ai opérés sur les résultats que j'ai obtenus. Malgré les difficultés liées à la distribution spatiale que j'ai effectuée et les choix que j'ai opérés dans la délimitation de ce quartier, les tableaux et les cartes que je présente ont constitué un point de départ pour l'analyse de processus qui sont ensuite vérifiés et nuancés par l'analyse qualitative.

La méthodologie qualitative se base principalement sur des entretiens semi-directifs. Nombreux sont les entretiens effectués pour les études consacrées au processus de gentrification et la géographie des communautés immigrées qui sont utilisés pour ces deux études de cas. C'est notamment le cas pour les interlocuteurs suivants : Cettina Genovese, Roton Mollick, Karen Basile, Reda Berradi, Salvatore Cavalleri, Vincenzo Guarras, Francesco Lo Piccolo et Giovanni Mendola. En revanche, certains interlocuteurs ont été choisis spécifiquement pour ces études de cas :

- Madou Cissé, résident ivoirien à Palerme, a été choisi parce qu'il a vécu de longues années dans le centre historique. Il a par ailleurs été le porte parole de l'association de la communauté ivoirienne à Palerme. Contrairement aux autres entretiens, celui-ci a été réalisé en grande partie en français.

- Marco Carapezza, chercheur en philosophie du langage à l'Université de Palerme. Résidant depuis de nombreuses années dans la *Via Lincoln*, Monsieur Carapezza a été choisi pour sa bonne connaissance des problématiques de cette zone.

- Anna[26], commerçante chinoise dans la Via Lincoln. Elle a été choisie parce qu'elle est elle-même issue de la communauté chinoise et elle est vendeuse dans un magasin d'habits tenu par sa famille, ouvert en 2005. Elle possède une bonne connaissance de la communauté chinoise installée à Palerme et s'est montrée disposée à la partager lors d'un entretien. Elle est relativement jeune (26 ans) et elle réside depuis une dizaine d'années à Palerme et dispose ainsi d'une bonne connaissance de la ville.

---

[26] Prénom fictif qu'elle a elle-même choisi

- Mario[27], commerçant chinois dans la *Via Lincoln*. Il est gérant d'un magasin d'habit dans cette rue. Il est plus âgé que Anna (environ cinquante ans) et réside à Palerme depuis l'an 2001, année durant laquelle il a ouvert son commerce.

6.5. LA CONFIGURATION DU CENTRE HISTORIQUE

Pour permettre au lecteur de mieux comprendre le contexte morphologique dans lequel se déroule cette étude, une brève description de la configuration du centre historique de Palerme s'impose.

Le centre historique de Palerme, un quadrilatère d'environ 240 hectares qui correspond à la surface entourée précédemment par les murs, est considéré comme l'un des plus grands d'Europe. Ouvert sur la mer dans sa partie orientale (voir carte 1.1. : le centre historique de Palerme), il abrite un patrimoine architectural exceptionnel : 7 théâtres, 158 églises, 55 couvents et plus de 400 palais aristocratiques (Di Benedetto, 2000 : 15). 40% de sa superficie sont constitués d'immeubles résidentiels et 33% par des rues, des places et des espaces publics (ibid.). Sa morphologie actuelle est liée à trois événements durant lesquels la ville se transforme et se réinvente. Ils correspondent en grande partie aux changements dans les modes d'accès à la ville et méritent qu'on s'y attarde brièvement. La domination arabe (IXe siècle-XIè siècle), durant laquelle la ville était un émirat, a vu la construction de la principale rue du centre historique, le *Cassaro* (de l'arabe *Al Kasr*, le château). Connue aujourd'hui sous le nom de *Corso Vittorio Emmanuele*, cette rue donnait à la ville une orientation est-ouest avec le port comme principale porte d'entrée. Après une période de domination normande, durant laquelle Palerme a connu un important rayonnement culturel et économique, la ville devient une colonie espagnole, sous le règne des vice-rois durant les XVe et XVIe siècles. C'est durant cette période que la *Via Maqueda* est tracée, une rue qui coupe perpendiculairement le *Corso Vittorio Emmanuele* et qui va modifier l'orientation de la ville en lui donnant un axe nord-sud. Le troisième événement est plus récent mais il va à son tour modifier de façon définitive la morphologie du centre historique. Il s'agit du découpage de la Via Roma, réalisé conformément au plan urbanistique de l'architecte Felice Giarrusso[28] réalisé entre 1894 et 1898 pour permettre aux voyageurs arrivant à la toute nouvelle gare ferroviaire d'accéder au centre historique par une rue monumentale, qui rendait invisible les quartiers occupés par les marchés, considérés comme sales et malfamés. Ces trois événements marquent des transformations importantes de la morphologie du centre historique qui perdurent aujourd'hui parce que le découpage du centre historique se fait toujours en fonction de la croix que forment le *Corso Vittorio Emmanuele* et *Via Maqueda*. De ce découpage sont issus les quatre quartiers (*Mandamenti* en italien) qui composent le centre historique : *Tribunali* ou *Kalsa*, *Castellamare* ou *Loggia*, *Palazzo Reale* ou *Albergheria* et *Monte di Pietà* (voir carte 1.2. : *Mandamenti*). Les données utilisées dans cette recherche proposent dans la plupart des cas une différenciation à l'échelle de ces quartiers et cette distinction est utile notamment dans la quête de lieux prioritairement touchés par la gentrification.

---

[27] Prénom fictif qu'il a lui-même choisi
[28] Connu sous le nom de *Piano Giarrusso*, ce plan directeur a été rédigé en 1886 et prévoyait de nombreux « éventrements » à l'intérieur du centre historique, dont le traçage de la Via Roma est un exemple concret, et d'ailleurs un des seuls à avoir été totalement réalisé.

DEUXIEME PARTIE

LA GENTRIFICATION DANS LE CENTRE HISTORIQUE DE PALERME : DESCRIPTION DU PROCESSUS ET IDENTIFICATION DES LIEUX

1. INTRODUCTION GENERALE

Cette deuxième partie du travail s'attache à décrire le processus de gentrification dans le centre historique de Palerme et identifier les lieux qui sont particulièrement touchés par le phénomène. J'ai choisi d'aborder cette démarche descriptive en analysant les politiques publiques de réhabilitation du centre historique menées successivement par l'administration Orlando puis par la junte de Diego Cammarata en les rattachant au développement du processus de gentrification. Ensuite, je tente d'identifier certains lieux marqués par le phénomène en essayant de trouver des facteurs explicatifs aux inégalités spatiales observées.

2. LA POLITIQUE DE REHABILITATION MENEE PAR L'ADMINISTARTION ORLANDO ET SON IMPACT SUR LE PROCESSUS DE GENTRIFICATION

Le début du processus de requalification du centre historique de Palerme est largement attribué à la politique menée par l'administration Orlando, qui en a fait son objectif prioritaire lors de son accession à la tête de la ville. Je propose dans ce chapitre de revenir sur deux aspects importants de cette politique : la réhabilitation du bâti à travers le texte du *Ppe* (*Piano particolareggiato esecutivo*) et la politique sociale et culturelle menée dans le centre historique. Puis je tente de montrer l'influence de ces choix sur le processus de gentrification en revenant sur l'impact de cette politique sur le marché immobilier, sur l'évolution du nombre des résidents dans le centre historique, sur les transformations dans la composition sociale des habitants et sur les changements de perception de la population à l'égard de cet espace.

2.1. LA REHABILITATION DU BATI ET LA MISE EN ŒUVRE DU *PPE*

La décision prise par l'administration Orlando de faire rédiger un plan détaillé pour le centre historique constitue le point de départ du processus de réhabilitation du bâti. Teresa Cannarozzo souligne à quel point cette décision a été le déclencheur de toute l'activité de revitalisation du centre historique qui a suivi : « *hanno avuto il merito assolutamente unico che è quello di fare il piano del centro storico, che è una condizione irrinunciabile perché il piano è quello che ha consentito tutta l'attività successiva.* »[29]. La rédaction du *Ppe* a démontré aux palermitains que l'administration avait véritablement l'intention de réutiliser le centre historique et d'interrompre le processus de dépeuplement qui était en œuvre depuis les années cinquante, comme le relève Leoluca Orlando : « [quando] *presentammo una proposta di conferimento di incarico ad un gruppo di professionisti non siciliani* [...] *il compito di fare un piano di recupero del centro storico secondo il criterio di restauro conservativo, fu un vero pugno allo stomaco perché interrupe quello che, anche nei verbali di polizia giudiziaria e negli atti processuali avrebbe dovuto essere la stagione dello svuotamento del centro storico* »[30].

Le *Ppe* a été rédigé conjointement par Leonardo Benevolo, Pier Luigi Cervellati et Italo Insolera pour être adopté en 1993, et il est toujours en vigueur aujourd'hui. Je reviens sur la mise en oeuvre du *Ppe*, sur les objectifs qu'il poursuit, les obstacles à sa réalisation et les moyens qui sont mis sur pied pour les surmonter. Cette analyse est ensuite mise en parallèle avec son impact sur le processus de gentrification. Je montre ainsi comment le plan tente de combattre certains des effets indésirables du phénomène.

2.1.1. Les objectifs du *Ppe*, les obstacles à sa réalisation et les moyens pour les surmonter

Le *Ppe* s'organise selon deux objectifs principaux. D'une part « [...] *fournir des indications sur les modalités d'intervention* [...] *sur les immeubles de propriété publique ou privée* [...] » (Di

---

[29] « Ils ont eu le mérite absolument unique de faire le plan pour le centre historique, qui est une condition à laquelle on ne peut renoncer, parce que c'est le plan qui a permis toute l'activité successive. »

[30] « [quand] nous avons présenté une proposition de remise de charge à un groupe de professionnels qui n'étaient pas siciliens du devoir de faire un plan de réhabilitation du centre historique selon le critère de la restauration conservative, ce fut un véritable poing à l'estomac parce que cela interrompait ce qui, même dans les procès verbaux de la police judiciaire et dans les actes de procédure, devait être la saison du dépeuplement du centre historique. »

Benedetto, 2000 : 25). D'autre part « [...] *définir les tâches de l'Administration municipale en matière de restauration dans les zones les plus gravement dégradées afin d'améliorer l'aspect d'ensemble, physique et social, de la ville* [...] » (ibid.). Ce plan repose sur une approche typologique visant à déterminer la fonction de chaque édifice et ses spécificités architecturales. Pour l'architecture ancienne (qui comprend les édifices construits à partir des origines de la ville jusqu'aux années 1850), huit grands types d'édifices sont distingués, parmi lesquels les édifices spéciaux civils (*edifici speciali civili*) qui appartiennent pour la plupart à la Commune ou à la Région sicilienne, les édifices religieux (*edifici specaiali religiosi*) et plusieurs types de palais. A chaque type d'immeuble correspondent des modalités d'intervention et des utilisations spécifiques.

La préservation et la conservation sont les maîtres mots de ce plan, qui vise à rompre totalement avec les pratiques des administrations précédentes ayant contribué à la dégradation du patrimoine architectural du centre historique. L'article 1 des normes de réalisation du *Ppe* (*Norme di attuazione del Ppe*) est emblématique de cette volonté de rupture voulue par l'administration Orlando : « *Il Piano Particolareggiato Esecutivo di recupero del centro storico di Palermo (P.P.E.) fornisce [...] una disciplina urbanistica attuativa unitaria di tutta la città murata che - "finalmente cancellata la teoria dello sventramento"- disciplina "il mantenimento della vecchia città in tutti i suoi elementi, così come c'è stata ad oggi tramandata", secondo le disposizioni della Delibera n. 920 del 22 marzo 1988 della giunta municipale* »[31].

A ce titre, il est important de souligner la relative rigidité du *Ppe*, qui est liée au contexte dans lequel il a été rédigé et à la personnalité de ses auteurs. La volonté de se démarquer des politiques menées précédemment par des administrations peu scrupuleuses et liées aux milieux mafieux constitue un élément fondamental dans la rédaction du plan. Alors que l'élaboration du *Prg* (*Piano regolatore generale*) de 1962 a conduit au « sac de Palerme », le *Ppe* repose sur une volonté marquée de conserver et préserver le patrimoine architectural à travers une série de contraintes strictes en ce qui concerne l'utilisation des bâtiments réhabilités, notamment. Cette approche est aussi dûe à la personnalité des trois auteurs du plan, Leonardo Benevolo, Pier Luigi Cervellati et Italo Insolera, qui partagent une vision commune de la requalification des centres historiques. Ils ont tous trois beaucoup critiqué l'urbanisme italien d'avant les années 1970, marqué selon eux par l'extrême rationalisation (Cervellati, 2000) et par les opérations spéculatives (Benevolo, 2006). Ils privilégient une approche de l'urbanisme attentive à "l'intelligence des lieux" (Benevolo, 2006) et à la conservation du patrimoine architectural, qui fait partie de la mémoire collective des habitants.

L'obstacle principal auquel est confrontée la politique de requalification du centre historique tient à la fragmentation de la propriété immobilière. La dernière enquête concernant la structure de la propriété immobilière date de la fin des années 1970 (Micelli, 1994 : 28). La propriété immobilière présente deux plans de fractionnement. Le premier s'observe au niveau des propriétaires : 75% du parc immobilier appartient à des propriétaires privés, le reste étant de propriété publique (15 %) et ecclésiastique (10 %). Parmi la propriété des privés, environ 90% des propriétaires appartiennent à la catégorie des petits et moyens propriétaires (qui possèdent moins de six unités immobilières). Or, les travaux de restauration ne doivent pas se limiter à une seule habitation mais doivent porter sur l'ensemble d'un immeuble, de même pour les opérations de réhabilitation qui ne sont profitables et rentables que si elles sont menées à l'échelle d'un îlot ou d'un quartier. Il est donc difficile pour les investisseurs désirant acquérir puis réhabiliter un immeuble de retrouver tous les propriétaires, comme le

---

[31] « Le Ppe fournit une discipline urbanistique unitaire de toute la ville murée qui – « enfin effacée la théorie de l'éventrement » - discipline « le maintien de la vieille ville dans tous ses éléments, comme elle nous a été transmise aujourd'hui », selon les dispositions de la délibération n.920 du 22 mars 1988 de l'administration municipale »

souligne Enrico Bellavia, journaliste à la Repubblica : « [...] *ci si mette alla caccia dei proprietari. Lavoro anche di mesi per rintracciarli.In teoria stanno scritti tutti lì, sulle mappe del catasto. Ma trovarli è un lavoro complicato.* ». (La Repubblica, édition de Palerme, 4/12/2005).

Pour affronter ce genre de problèmes, le *Ppe* définit les tâches de l'administration communale, qui doit intervenir à trois niveaux. Premièrement, elle doit mener une politique de réhabilitation « passive » en restaurant et en entretenant le patrimoine qui lui appartient. Deuxièmement, elle est chargée de conduire une politique de réhabilitation « active » : elle acquiert des édifices qu'elle est en mesure de restaurer, destinés soit à accueillir des services administratifs soit à être transformés en immeubles d'habitation dans le cadre d'une politique de logement social. Enfin, d'après une loi régionale adoptée en 1993, la municipalité doit octroyer des aides aux propriétaires pour entreprendre les travaux de restauration. La condition étant que le propriétaire s'engage à résider dans l'immeuble restauré ou à le mettre en location afin d'éviter que les habitations restent vides, ce qui aurait pour effet de vider la requalification du centre historique de son sens. Le but de ces subventions est d'impliquer les habitants dans le processus de requalification du centre historique. Leoluca Orlando souligne l'importance de cette initiative dans le processus de réappropriation par les palermitains du centre historique : "*la promozione di una legge regionale che desse contributi a fondo perduto a proprietari di immobili privati che li restauravano, era anche dentro questa logica complessiva di fare riaffezionare il palermitano al proprio centro storico, giocando sul fatto che il centro storico era pezzo importante della identità di una comunità*"[32]. Au total, en 2006, 524 subventions ont été accordées à des particuliers pour un montant de 82,2 millions d'euros (tableau 2.1.). Les quatre premiers avis ont été publiés sous l'administration de Leoluca Orlando et représentent des contributions à fonds perdus pour un total de 61,2 millions d'euros aux propriétaires ayant réalisé des travaux de réhabilitation sur 368 unités immobilières. Le succès de cette initiative se poursuit aujourd'hui sous l'administration Cammarata, qui a lancé le cinquième avis et accepté 156 propositions de restauration. Le sixième avis a été publié en mai 2006 et plus de 300 demandes ont été déposées pour lesquelles la Commune met environ 20 millions d'euro à disposition.

---

[32] « la promotion d'une loi régionale qui donne des contributions à fonds perdu à des propriétaires d'immeubles qui les réhabilitent faisait aussi partie de cette logique qui consistait à inciter les palermitains à apprécier à nouveau leur propre centre historique, en jouant sur le fait que le centre historique était une partie importante de l'identité d'une communauté »

Tableau 2.1.: Subventions publiques accordées aux particuliers pour la restauration d'immeubles et de logements (2006)

Avis pour l'attribution d'une contribution publique pour des travaux de restauration	Nombre de demandes déposées	Nombre de demandes acceptées	Montant total des subventions accordées (en millions d'euros)
1er avis	113	78	10,2
2è avis	134	124	22,1
3è avis	71	51	10,8
4è avis	127	115	18,1
5è avis	222	156	21
Total	667	524	82,2

Sources: L'amministrazione comunale per il centro storico, 1997; Di Benedetto, 2000 : 31; www.comune.palermo.it/Comune/centro_storico/recupero_edlizio.htm

2.1.2. Le *Ppe* et le processus de gentrification

Les informations recueillies au sujet du *Ppe* permettent de relever deux aspects importants. D'abord, il convient de souligner l'aspect contraignant du plan en ce qui concerne l'acquisition d'immeubles et leur réhabilitation. La rigidité du *Ppe*, qui vise à conserver les édifices et leurs fonctions premières, est souvent critiquée par les investisseurs, qui estiment que le plan entrave la créativité des architectes et est à l'origine de la lenteur des procédures pour restaurer des bâtiments. C'est le cas de Fausto Provenzano, architecte, qui s'exprime ainsi dans le quotidien La Republica : « *Capitò di dover presentare un progetto per il ripristino di un edificio in Via Butera. Presentai più volte i disegni scontrandomi con dei no rigidi sulla facciata. Obiettai che la storia non si era fermata, che qualcosa doveva pur cambiare, ma niente.* »[33] (La Repubblica, édition de Palerme, 7/12/2005).

Ensuite, il est intéressant de constater que le *Ppe* mise à la fois sur une politique volontariste de la part de la municipalité (pour restaurer et entretenir son patrimoine architectural mais aussi pour acquérir des immeubles et les réhabiliter) et sur une implication forte des propriétaires des immeubles dans le processus de requalification du centre historique par le biais de subventions accordées pour les travaux de restauration. Je reviens ici sur ces deux aspects pour montrer que la mise en œuvre du Ppe n'est pas favorable au développement d'un phénomène de gentrification, du moins le plan vise à contenir certains effets indésirables du processus (comme l'éloignement des anciens habitants).

La relative rigidité du *Ppe* est liée, comme je le mentionnais précédemment, à un contexte marqué par une volonté forte de ne pas répéter les erreurs du passé. Mais elle est aussi due à la personnalité de ses auteurs. Pier Luigi Cervellati est connu pour avoir dirigé les travaux de requalification du centre historique de Bologne, qui sont restés célèbres parce qu'ils prévoyaient de déplacer les habitants temporairement pour les réinstaller ensuite dans les quartiers réhabilités. L'approche privilégiée par les auteurs du Ppe se révèle extrêmement attentive à éviter deux éventuelles conséquences de la requalification d'un centre historique : l'éloignement des anciens habitants et l'appropriation du marché immobilier par des

---

[33] « Il m'est arrivé de devoir présenter un projet pour la restauration d'un édifice à Via Butera. J'ai présenté plusieurs fois les dessins, affrontant des non rigides sur la façade. J'ai objecté que l'histoire ne s'était pas arrêtée, que quelque chose devait quand même changer, mais rien n'y a fait. »

opérations spéculatives. L'empreinte de cette conception est en effet présente dans le plan, comme en témoigne l'article 126, qui prévoit le même type de déplacements temporaires des habitants qui ont eu lieu à Bologne pendant les travaux de réhabilitation du centre historique : « *Per l'attuazione degli interventi di recupero previsti dai piani esecutivi vigenti il Comune di Palermo istituisce nel centro storico un parco alloggi transitori per gli abitanti residenti temporaneamente trasferiti. L'assegnazione di detti alloggi verrà disciplinata con apposito regolamento approvato dal consiglio comunale che dovrà anche tener conto dell'anzianità di residenza nel centro storico* »[34] (Ppe, Art 126/1, *Regolamento per l'attuazione degli interventi nel centro storico di Palermo*). Les paroles de Emilio Arcuri, assesseur au centre historique à l'époque de l'administration Orlando, permettent de se rendre compte de l'attention portée par l'ancienne administration à l'effet indésirable de la gentrification qu'est l'éloignement des anciens habitants: « [volevo] *consentire interventi di recupero di iniziativa pubblica o privata di alloggi popolari perché il mio tema è : io non voglio immettere i poveri nel centro storico, non voglio portare il disagio sociale, ma nessuno dei vecchi residenti se ne deve andare* »[35]. Pour lui, le but de la requalification du centre historique est d'apporter une certaine forme de diversité sociale dans ce lieu : « [volevo] *creare in questa parte della città la stessa tipologia delle presenze residenziali che tu hai nella zona di Via Marconi alta, Via Sanmartino, la zona della Zisa, vie dove tu incontri di tutto, dalla vecchietta pensionata, a quello con la casa di proprietà, volevamo fare in modo che ci fosse questa trasversalità che invece si era perduta.* »[36].

L'octroi de subventions pour les travaux de réhabilitation effectués par des particuliers est une invitation pour les habitants à prendre part au processus de requalification. Mais le *Ppe* est très strict au sujet des bénéficiaires de ce programme. Il est stipulé très clairement que les agences immobilières ou les entrepreneurs actifs dans l'immobilier ne doivent en aucun cas bénéficier de ces subventions : « *Ai contributi possono accedere tutti coloro che hanno titolo a richiedere il rilascio di concessioni o autorizzazioni edilizie ai sensi della Legge n.10/77; in particolare possono presentare le istanze le persone fisiche non imprenditori edili, anche riuniti in consorzio o condominio, che siano titolari del diritto di proprietà o di altro diritto reale sul bene oggetto dell'istanza. Sono esclusi dal contributo tutti i soggetti identificabili come "imprenditori edili", anche se facenti parte di un condominio.* »[37] (Ppe, *Note esplicative al regolamento per la concessione contributi nel centro storico*, Art. 2 : *I titolari del contributo*). De plus, le *Ppe* donne une priorité absolue aux propriétaires résidant dans le centre historique pour bénéficier de ces subventions : « *L'Amministrazione procede alla concessione del contributo nel rispetto dell'ordine cronologico delle istanze e riconosce priorità assoluta alle istanze presentate dai proprietari residenti nel centro storico. Nel caso di istanze presentate da consorzi di proprietari o da più proprietari riuniti in condominio, queste si intendono presentate da cittadini residenti se almeno il 50% della proprietà appartiene a cittadini*

---

[34] « Pour la réalisation des interventions de requalification prévus par les plans exécutifs, la Commune de Palerme institue dans le centre historique un parc immobilier transitoire pour les résidents temporairement transférés. L'assignation de ces logements sera soumise à un règlement approuvé par le Conseil communal qui devra aussi tenir compte de l'ancienneté de résidence dans le centre historique »

[35] « [Je voulais] permettre des interventions de réhabilitation d'initiatives publiques ou privées de logements sociaux parce qu mon thème est le suivant : je ne veux pas introduire les pauvres dans le centre historique, je ne veux pas apporter la dégradation sociale, mais aucun des anciens résidents ne doit s'en aller. »

[36] [Je voulais] créer dans cette partie de la ville la même typologie de présence résidentielle que tu as dans la zone de la partie haute de *Via Marconi*, *Via Sanmartino*, la zone de la *Zisa*, des rues où tu rencontres de tout, de la personne retraitée au propriétaire, nous voulions faire en sorte qu'il y ait cette transversalité qui s'était perdue. »

[37] « Aux octrois de subventions peuvent accéder tous ceux qui ont le droit de demander des concessions ou autorisations au sens de la Loi n.10/77 ; en particulier peuvent présenter les instances les personnes physiques qui ne sont pas des entrepreneurs immobiliers, réunies en consortium ou en coopératives qui soient titulaires du droit de propriété ou d'autres droits sur le bien objet de la requête. Sont exclus des subventions tous les sujets identifiables comme « entrepreneurs immobiliers », même s'ils font partie d'une coopérative. »

residenti. »[38] (*Ppe, Regolamento per la concessione di contributi in conto capitale ed in conto interessi per il recupero degli immobili nel Centro Storico di Palermo,* Art. 6/1).

Cette brève incursion dans le texte du *Ppe* et dans certains discours produits par Leoluca Orlando et Emilio Arcuri permet de relever deux éléments importants de la politique de requalification voulue par l'administration Orlando. D'une part, la volonté d'éviter l'aspect indésirable de la gentrification que représente l'éloignement des anciens habitants et d'autre part, le souhait de conserver une politique publique forte en muselant les apports des privés comme les entreprises immobilières dans le processus de réhabilitation du bâti.

2.2. LA POLITIQUE DE REVALORISATION DE L'IMAGE DU CENTRE HISTORIQUE ET SON IMPACT SUR LE PROCESSUS DE GENTRIFICATION

La mise en œuvre du *Ppe* constitue sans doute l'élément principal de la politique de réhabilitation du bâti du centre historique voulue par la junte Orlando, mais elle ne représente qu'un volet d'une politique ambitieuse de revalorisation territoriale qui comporte la mise sur pied d'une série d'initiatives culturelles, sociales et économiques. L'enjeu majeur de la politique de requalification menée par l'administration Orlando était d'inciter les palermitains à se réapproprier le centre historique en modifiant le regard qu'ils avaient sur cette partie de la ville et du même coup le rapport qu'ils entretenaient avec le territoire et la communauté auxquels ils appartiennent. C'est sur les thèmes de la redécouverte du centre historique, de la mémoire et de l'identité de Palerme que l'administration de Leoluca Orlando a insisté : « *l'intervento del nostro studio è tutto giocato sulla coppia identità e tempo. Identità, come strumento distintivo di una comunità, come tentativo di costruire momenti comunitari della vita. Tempo [perché] se io vivo senza memoria del passato e senza speranza nel futuro è evidente che divento o violento o incoerente. Perché se io vivo un eterno presente considero la sconfitta di oggi la mia morte, o la vittoria il trionfo.* »[39] (Entretien avec Leoluca Orlando réalisé par Floriana Mistretta). Concrètement, cette politique s'est traduite par diverses initiatives culturelles, sociales et économiques qui devaient modifier le regard que les habitants avaient sur le centre historique et favoriser le développement économique de cette partie de la ville. Je reviens sur certaines de ces initiatives en montrant comment elles ont contribué à augmenter la valeur immobilière des terrains bâtis, ralentir la tendance au dépeuplement du centre historique, apporter des transformations dans la composition sociale des habitants et modifier les représentations des palermitains à l'égard du centre historique.

2.2.1. Les initiatives culturelles, sociales et économiques et leur impact sur la revalorisation du centre historique

Plusieurs auteurs évoquent « le printemps de Palerme » ou la « renaissance culturelle » (Puccio, 2003 ; Lombardo, 2003) pour évoquer la période durant laquelle Leoluca Orlando était maire de la ville. L'utilisation de ces termes est certainement due au fait que l'administration Orlando a joué sur cette image en élevant les initiatives culturelles proposées au rang de symboles de la redécouverte du centre historique et de la libération de la ville des

---

[38] « L'administration procède à la concession de la subvention en respectant l'ordre chronologique des requêtes et reconnaît la priorité absolue aux requêtes présentées par les propriétaires résidant dans le centre historique
[39] « L'intervention de notre administration se joue entièrement sur le couple identité et temps. Identité comme instrument distinctif d'une communauté, comme une tentative de construire des moments communautaires de la vie. Temps, parce que si je vis sans mémoire du passé et sans espoir dans le futur, c'est évident que je deviens ou violent ou incohérent. Parce que si je vis un éternel présent je considère la défaite d'aujourd'hui comme ma mort, ou la victoire comme un triomphe. »

activités mafieuses. Certaines de ces opérations sont emblématiques de ce discours proposant de restituer le patrimoine du centre historique à tous les palermitains :

- L'ouverture ou la réouverture de bâtiments à vocation culturelle comme le *Teatro Massimo*, l'église *Santa Maria dello Spasimo* et les *Cantieri culturali alla Zisa* sont considérées par de nombreux interlocuteurs comme des événements qui ont marqué symboliquement la période de renouveau du centre historique, comme le souligne Vincenzo Guarrasi : « *Una delle operazione di Orlando è stato lo Spasimo. Spasimo, Cantieri culturali della Zisa, Teatro Massimo, questi sono i tre fiori all'occhiello, quelli che hanno dato il segno di un rinnovamento urbano.* »[40]. Francesco Giambrone, adjoint à la culture dans l'administration Orlando considère la réouverture du *Teatro Massimo* et la reconversion de l'église *Lo Spasimo* comme les symboles du « rachat » de Palerme et des villes du Sud de l'Italie en général : « *Ici, le Massimo devint très vite le symbole de ce rachat. Même si, sans doute, Palerme a plusieurs symboles de renaissance, comme par exemple, le quartier de Lo Spasimo, avec l'ouverture de l'église en 1995.* » (Giambrone in Lombardo, 2003 : 74).

- La redécouverte de la fête que Palerme dédie à sa patronne, le *Festino di Santa Rosalia*. Cet événement populaire fête le triomphe de *Santa Rosalia* sur l'épidémie de la peste qui ravageait la ville de Palerme en 1624. Lorsque Leoluca Orlando a accédé au poste de maire, cette fête ne connaissait qu'un succès mitigé et n'attirait pas plus de trente mille personnes. Pour Deborah Puccio (2003) Orlando a remis cette tradition au goût du jour en en faisant une allégorie de la victoire contre le fléau que représentait la mafia, et la fête a connu un fort engouement populaire puisqu'elle attirait cinq cent mille personnes au milieu des années nonante.

- L'opération *Palermo apre le porte. La scuola adotta un monumento*[41], initiative lancée en 1995. Les élèves adoptent un monument situé à proximité de leur établissement scolaire. Ils en retracent l'histoire, en étudient l'architecture et en recueillent les anecdotes pour, à la fin de l'année scolaire, organiser des visites publiques lors de journées portes ouvertes intitulées *Palermo apre le porte*. Cette initiative poursuit un objectif d'éducation civique, puisqu'elle permet de développer chez les jeunes un sentiment d'appartenance à la ville en leur faisant découvrir ses monuments. Elle poursuit également un objectif urbanistique, parce que l'opération a conduit à la remise en état de plusieurs dizaines de monuments. Enfin, elle vise à promouvoir une image positive de la ville de Palerme aussi bien au niveau interne qu'externe à travers la publication d'informations dans la presse nationale et internationale et poursuit ainsi un objectif de marketing urbain.

- Le programme Urban, mis en place en 1996 par l'administration Orlando grâce aux fonds de l'Union Européenne, a constitué une ambitieuse initiative de requalification territoriale à l'échelle des deux quartiers suivants : les quartiers *Tribunali* (*la Kalsa*) et *Castellamare* (voir carte 1.2. : *Mandamenti*). Ces deux zones ont été identifiées par la Commune parce qu'elles présentaient une situation de dégradation sociale et urbanistique majeure par rapport aux autres quartiers du centre historique : « *L'area costituita dai due mandamenti « Tribunali » e « Castellamare » è stata identificata per la particolare situazione di degrado e di abbandono del tessuto sociale, edilizio e ambientale.* » (Urban Palermo, 1996). Cinq types de mesures sont mises en avant dans ce projet : le soutien aux petites et moyennes entreprises en voie de constitution ou déjà constituées, la promotion et la formation à divers emplois liés au tourisme, le renforcement de l'offre de services sociaux, l'amélioration des infrastructures publiques

---

[40] « Une des opérations de Orlando a été *Lo Spasimo. Spasimo, Cantieri culturali alla Zisa, Teatro Massimo* sont les trois fleurs à la boutonnière, les événements qui ont donné le signal d'un renouveau urbain.
[41] Palerme ouvre les portes. L'école adopte un monument.

et la diffusion des résultats. Le programme a ainsi mené à l'intérieur de ces quartiers des interventions de restauration d'édifices historiques destinés à des activités culturelles et a contribué à redynamiser le tissu productif local à travers un programme d'aide financière pour épauler les entreprises artisanales en voie de constitution ou déjà constituées. L'objectif du projet Urban, pour lequel environ 40 milliards de lires ont été dépensées, était de revitaliser ces quartiers pour inverser le processus de dépeuplement que connaissait le centre historique à cette époque.

Parallèlement à la mise en œuvre du *Ppe*, les différentes initiatives culturelles, sociales et économiques proposées par l'administration Orlando ont contribué à modifier le visage du centre historique de Palerme à différents niveaux. Je présente certains aspects de ces transformations en me basant sur certains critères relatifs au développement du processus de gentrification : la structure du marché immobilier, les changements dans la composition sociale des habitants et les perceptions des habitants à l'égard du centre historique.

2.3. L'IMPACT DE LA POLITIQUE DE REVALORISATION SUR LE PROCESSUS DE GENTRIFICATION

2.3.1. Le marché immobilier

Malgré l'attention portée à certains effets de la gentrification, la réhabilitation d'une partie importante du bâti prévue par le *Ppe* et le programme parallèle de revalorisation territoriale a contribué à faire augmenter les valeurs immobilières des édifices situés dans le centre historique de façon spectaculaire entre 1995 et 2000. Pour Giovanni Mendola, responsable de l'agence immobilière *Zonacasa*, la politique de réhabilitation du bâti menée par Leoluca Orlando, à travers l'octroi de subventions aux propriétaires, a marqué une hausse importante des travaux de restauration et a eu une influence sur le marché immobilier : « [...] *le ristrutturazioni sono iniziate [...] col sindaco Orlando, quindi la precedente amministrazione comunale, e questo ha fatto aumentare il valore degli immobili di parecchio. C'è stato questo boom vero e proprio della ristrutturazione degli immobili al centro storico, anche grazie all'aiuto che dà il Comune, diciamo, per ristrutturare gli immobili perché se si ristruttura tutta la palazzina, danno dei contributi [...] per ristrutturare questi immobili, sia per la facciata sia per gli interni quindi questo ha dato un grande aiuto agli immobili e alle ristrutturazione.* »[42] . Francesco Lo Piccolo, architecte et chercheur au département *Città e Territorio* de l'Université de Palerme, fait le même diagnostic en soulignant l'influence du *Ppe* et du programme Urban sur l'augmentation de la valeur immobilière mais aussi sur le retour des classes aisées vers le centre historique : « *comincia a esserci un ritorno in alcune parti, con un incremento dei prezzi di mercato molto alto, al seguito del Ppe, ma anche del programma Urban. Il programma Urban, in qualche modo, ha incentivato alcuni privati a investire* »[43] .

---

[42] « Les travaux de réhabilitation ont commencé avec le maire Orlando, l'administration précédente, et ceci a fait augmenter la valeur immobilière de manière importante. Il y a eu ce véritable boom de la réhabilitation des immeubles du centre historique, aussi grâce à l'aide de la Commune pour restaurer les immeubles parce que si le palais est restauré en entier, la Commune donne des contributions pour restaurer ces immeubles, autant pour la façade que pour l'intérieur, et cette initiative a été d'une grande aide pour les immeubles et leur réhabilitation. »
[43] « Il commence à y avoir un retour dans certaines zones, avec une forte augmentation des prix sur le marché, suite au Ppe, mais aussi du programme Urban. Le programme Urban, en quelque sorte, a encouragé certains privés à investir. »

Tableau 2.2. : Evolution de la valeur moyenne des immeubles dans le centre historique entre 1995 et 2001 (valeurs en milliers de lires au mètre carré)

	Valeur moyenne en 1995	Valeur moyenne en 2000	Variation en % entre 1995 et 2000
Immeubles réhabilités	800	1800	+ 125 %
Immeubles à réhabiliter	200	800	+ 300 %

Source : Osservatorio immobiliare Fiaip et Ufficio centro storico

Le bâti du centre historique était tellement dégradé au début des années 90 qu'il n'existait pratiquement pas de marché immobilier pour cette zone, comme le souligne Teresa Cannarozzo : « *prima, il settore centro storico non risultava nemmeno sul giornale, cioè negli annunci immobiliari, non c'era questa categoria, non esisteva. Adesso da alcuni anni negli annunci immobiliari, c'è scritto centro storico quindi ha assunto una visibilità e si sono anche aperte diverse agenzie di compravendità immobiliare che prima non esistevano.* »[44] L'augmentation de la valeur immobilière constitue un signal important de l'apparition du processus de gentrification car elle représente un exemple concret de la théorie du « *rent gap* » élaborée par Neil Smith (1979). La valeur immobilière des édifices situés dans le centre historique était dans une situation de dépréciation telle que les investissements consentis dans cette zone ont eu pour effet de doubler, voire tripler les prix des terrains bâtis. Cette augmentation spectaculaire de la valeur immobilière est largement due au processus de réhabilitation du bâti, mais aussi à la politique globale de revalorisation territoriale menée par l'administration Orlando, à l'intérieur de laquelle les initiatives culturelles et la réinvention d'une certaine identité palermitaine occupent une place importante. Parallèlement à l'évolution de la valeur immobilière des immeubles situés dans le centre historique, cette politique a contribué à ralentir le processus de dépeuplement de cette partie de la ville et à transformer certains aspects de la composition sociale des habitants.

2.3.2. L'évolution du nombre de résidents et la transformation de la composition sociale des habitants

Il est possible de constater grâce au tableau 2.3. que la tendance au dépeuplement du centre historique s'est poursuivie de façon constante et spectaculaire depuis 1951 jusqu'en 1991, puis a marqué un net ralentissement entre 1991 et 2001. Ces données permettent donc de constater un ralentissement du processus d'exode du centre historique durant la période où Leoluca Orlando était à la tête de la ville de Palerme. Plusieurs documents officiels publiés par l'administration Orlando évoquent un repeuplement du centre historique, c'est notamment le cas du texte publié dans le programme *Urban Palermo*, qui s'exprime en ces termes : « *Un ulteriore conferma dell'efficacia del PIC Urban è data dall'inversione di tendenza del processo migratorio, che per troppi decenni ha visto abitanti, commercianti, artigiani dell'area trasferirsi verso le moderne periferie. Oggi il ripopolamento del Centro Storico favorisce lo sviluppo dell'artigianato locale, la diffusione di tecniche e procedure operative di restauro, il recupero di spazi urbani prima degradati e la graduale riduzione della disoccupazione locale e dei fenomeni legati alla macrocriminalità* ». Si la tendance au dépeuplement observée dans le centre historique depuis les années 50 a été fortement ralentie durant l'investiture de Leoluca

---

[44] « Avant, le secteur du centre historique n'apparaissait même pas sur le journal, dans les annonces immobilières, il n'y avait pas cette catégorie, elle n'existait pas. Maintenant depuis quelques années, dans les annonces immobilières, il est écrit centre historique, donc il acquis une visibilité et diverses agences immobilières se sont ouvertes qui n'existaient pas auparavant. »

Orlando, il est néanmoins trop tôt pour parler d'un véritable repeuplement du centre historique puisqu'il a été observé que le nombre de résidents continuait de diminuer.

Tableau 2.3. : Evolution du nombre d'habitants dans le centre historique entre 1951 et 2001

Année	1951	1961	1971	1981	1991	2001
Population	125271	106836	53022	38013	24810	21275

Source : Ufficio statistico del Comune et *Osservatorio sulla condizione sociale della città*

A l'échelle des quartiers du centre historique, le ralentissement de l'exode observé entre 1991 et 2001 s'est répercuté de façon relativement uniforme dans les quatre *Mandamenti*, comme le révèle le tableau présenté ci-dessous. Si les quartiers *Tribunali* et *Castellamare* ont encore connu une diminution relativement élevée du nombre de leurs résidents, les quartiers *Monte di Pietà* et *Palazzo Reale* ont connu un ralentissement de la tendance au dépeuplement observée depuis les années 50.

Tableau 2.4. : Evolution du nombre d'habitants dans le centre historique à l'échelle des Mandamenti entre 1991 et 2001

	1991	2001	Variation 1991-2001 en %
Tribunali	6990	5888	- 16 %
Castellamare	5371	4107	- 24 %
Monte di Pietà	5446	4900	- 10 %
Palazzo Reale	7003	6380	- 9 %

Source : Ufficio statistico del Comune

L'étude de la composition sociale des habitants du centre historique révèle certaines modifications des catégories socio-professionnelles entre 1991 et 2001, comme le confirment les différents tableaux présentés ci-dessous. Ainsi, il est intéressant de constater que si le nombre total de la population active du centre historique diminue, la population active occupée au travail augmente, ce qui signifie que le taux de chômage dans cette partie de la ville a diminué de façon beaucoup plus importante que le nombre total de la population active.

Tableau 2.5. : Evolution du nombre de la population active occupée au travail et du taux de chômeurs dans le centre historique entre 1991 et 2001

	1991	2001	Variation en % entre 1991 et 2001
Total de la population active résidente	8888	7841	- 11,7 %
Total de la population active occupée	4566	4767	+ 4,2 %
Nombre total de chômeurs	4322	3074	- 28,8 %

Source : Ufficio statistico del Comune

Il est impossible de dire si cette baisse significative du nombre de chômeurs dans le centre historique est due à une amélioration de l'offre sur le marché du travail ou si elle est imputable à des mouvements de population qui auraient vu le départ de personnes au chômage et l'entrée de personnes occupées au travail. Quoi qu'il en soit, ces données permettent de constater certains changements dans la composition sociale des habitants du centre historique et constituent un indice du développement du processus de gentrification.

Un autre élément permettant de constater des modifications dans la composition sociale des habitants du centre historique est constitué par l'augmentation d'entrepreneurs et de personnes exerçant des professions libérales et par la diminution simultanée de travailleurs employés. Le tableau 2.6. permet de relever ces changements dans la composition professionnelle des habitants du centre historique entre 1991 et 2001.

Tableau 2.6. : Evolution du nombre de la population active occupée au travail et du taux de chômeurs dans le centre historique entre 1991 et 2001

	1991	2001	Variation en % entre 1991 et 2001
Nombre total d'entrepreneurs et de personnes exerçant des professions libérales	272	361	+ 24,6 %
Nombre total d'employés	4041	3515	- 17,1 %

Source : Ufficio statistico del Comune

Ces différentes données concernant l'évolution du nombre de résidents dans le centre historique et la composition des catégories professionnelles des habitants incitent à penser que le processus de gentrification s'est développé durant la période où l'administration Orlando était à la tête de la ville de Palerme. Cependant, les données collectées ne permettent pas de dire clairement si ces transformations sont dues à des mouvements de population qui ont vu des individus issus de classes aisées remplacer des personnes provenant des couches populaires ou s'il s'agit d'un développement économique de cette partie de la ville. Par ailleurs, des données concernant le niveau de formation des habitants du centre historique auraient permis de compléter les chiffres présentés ci-dessus et de se prononcer de manière plus convaincante sur le développement du processus de gentrification. Pour pallier à cette lacune, je propose de me pencher sur un autre aspect du phénomène, qui est lié aux représentations que les habitants se font du centre historique et des transformations que la politique menée par l'administration Orlando a contribué à apporter dans ce domaine.

2.3.3. Les représentations des habitants à l'égard du centre historique

L'administration Orlando a effectué un important travail sur les représentations des palermitains à l'égard du centre historique et de son patrimoine. A travers un discours basé sur la redécouverte de ce lieu censé représenter la mémoire et l'identité palermitaine, Leoluca Orlando a tenté de réhabiliter le centre historique dans les mentalités des habitants, qui le considéraient alors comme un lieu dégradé, abandonné et sans intérêt. Giovanni Sollima, violoncelliste et compositeur palermitain, raconte ce long processus par lequel les habitants se sont réappropriés ce lieu abandonné : « *Il a fallu des années pour comprendre à qui appartenait ce monde, des années pour que les gens recommencent à aimer et à fréquenter ce centre que l'on évitait, que l'on contournait, que l'on ignorait* » (Sollima in Lombardo, 2003 : 89).

Tous mes interlocuteurs s'accordent pour dire que la politique menée par l'administration Orlando a permis de faire revivre le centre historique et de le rendre accessible à la population. Les initiatives culturelles ont notamment contribué à l'émergence d'une vie nocturne animée dans cette partie de la ville, qui n'existait pas auparavant, comme le souligne Francesco Lo Piccolo : « [...] *stanno sorgendo servizi ma anche non soltanto servizi, attività culturali, attività recreative, i pub o... una vita notturna intensa. Voglio dire, vent'anni fa, camminare la sera per il centro storico, non era* [...] *ne gradevole, ne sicura. Cose che oggi, non ci sono più.* »[45]. L'une des premières initiatives de l'administration Orlando a été de réinstaller l'illumination publique dans le centre historique, comme le confirme Emilio Arcuri, adjoint au centre historique à l'époque de la municipalité Orlando : « *Siamo partiti, tutto sommato, dalla cosa meno urgente, ma che invece ha avuto un grandissimo valore, che è quello del sistema di illuminazione del centro storico. Questo fu importantissimo, perché un intervento così grosso ha fatto capire che se tu illumini evidentemente pensi di utilizzare* »[46]. Cette intervention a contribué à l'émergence d'activités culturelles, à l'ouverture de bars, de restaurants qui ont été à l'origine d'une (re)découverte du centre historique de la part de la jeunesse palermitaine. Vincenzo Guarrasi, lors d'un cours donné à l'Université de Palerme, observe la différence entre la jeunesse palermitaine de l'époque des années 80 et celle d'aujourd'hui concernant la fréquentation du centre historique : « *I vostri colleghi di dieci, quindici anni fa, neanche ci andavano nel centro storico, avevano paura. Era buio, degradato, insano. Oggi la situazione è cambiata perché di notte è divertente andarci, c'è tanta vita, tante possibilità di uscire, quindi le nuove generazioni hanno ripreso dimestichezza con il centro storico, ma vi posso assicurare che dieci anni fa alla domanda : siete mai stati nel centro storico ? si levavano poche timide mani.* »[47]. Cette redécouverte, qui s'est matérialisée par la présence d'activités culturelles et de divertissement est aussi, selon Salvatore Cavalleri, une redécouverte exotique du caractère populaire et marginalisé des habitants du centre historique : « *Mentre prima era impossibile andare oltre al Teatro Massimo, a un certo punto c'è una riscoperta appunto come dire... folkloristica, molto estetica della marginalità* [...] *A un certo punto chiaramente questo lato anche esotico attrae gli studenti, gli universitari. Io mi ricordo nei primi anni in cui piccoli gruppi di persone, una ventina trentina di persone andava a prendersi l'aperitivo* [...] *in Vucciria ed erano gli anni in cui alla Vucciria, ogni sera, poteva succedere veramente di tutto, era un luogo appunto perché c'era questo misto di gente della Vucciria legata a schemi comunicativi e relazionali fortemente legati alla rudezza e con questa taverna che un po aveva tratti di squallore però in qualche modo aveva anche un fascino del degrado, della marginalità e della riscoperta* »[48]. Le discours de Salvatore Cavalleri révèle un aspect très intéressant dans le cadre de cette étude sur la gentrification du centre historique. Cette redécouverte du côté populaire, marginal de la vie du centre historique est à mettre en parallèle avec une théorie de la gentrification mettant l'accent sur le rôle de la demande, des goûts et des préférences des gentrifieurs, élaborée par David Ley (1986), Butler (1997) ou

---

[45] « des services émergent, mais aussi des activités culturelles, des activités récréatives, des pubs ou... une vie nocturne intense. Je veux dire, il y a vingt ans, marcher le soir dans le centre historique n'était ni agréable, ni sûr. Ces choses aujourd'hui n'existent plus. »

[46] « En somme, nous sommes partis de la chose la moins urgente, mais qui a eu une énorme valeur, qui est le système d'illumination du centre historique. Ce fut très important parce qu'une si grande intervention a fait comprendre que si tu illumines, tu penses évidemment à utiliser. »

[47] « Vos collègues d'il y a dix ou quinze ans n'allaient même pas au centre historique, ils avaient peur. C'était sombre, dégradé, malsain. Aujourd'hui la situation a changé parce que le soir, c'est amusant d'y aller, il y a beaucoup de vie beaucoup de possibilité de sortir, donc les nouvelles générations ont repris des rapports de familiarité avec le centre historique, mais je peux vous assurer que dix ans auparavant, à la question : êtes vous déjà allés au centre historique ? peu de mains timides se levaient.

[48] « Alors qu'avant c'était impossible d'aller au-delà du *Teatro Massimo*, à un certain moment il y a une redécouverte comment dire... folklorique, très esthétique de la marginalité [...] A un certain moment, clairement ce côté exotique attire les étudiants, les universitaires. Je me souviens dans les premières années durant lesquelles des petits groupes de personnes, une vingtaine ou trentaine de personnes allaient prendre l'apéritif à la *Vucciria* et c'étaient les années durant lesquelles à la *Vucciria* chaque soir, il pouvait arriver de tout, c'était un lieu justement parce qu'il y avait ce mélange de gens de la *Vucciria* liés à des schémas communicatifs et relationnels fortement liés à la rudesse et avec cette taverne qui avaient certains traits misérables mais qui en quelque sorte avait aussi un charme de la dégradation, de la marginalité et de la redécouverte. »

Caulfield (1994). Dans ce cas, le centre historique peut s'apparenter à « l'espace émancipatoire » décrit par Caulfield (1994) à l'intérieur duquel la classe moyenne se lance dans une quête romantique de la différence représentée ici par une classe populaire fantasmée et idéalisée.   Le centre historique est ainsi devenu cet espace attractif de la diversité sociale, qui s'oppose à la la banalité des périphéries, comme le relève David Ley : « *The « little boxes » of the suburbs were the locus of the mass society and its « wall to wall alienation ». Older neighbourhoods in the centre city then became oppositional spaces : socially diverse, welcoming difference, tolerant, creative, valuing the old, the hand-crafted, the personalized, countering hierchical lines of authority.* » (Ley, 1996 : 210). Bien que David Ley fasse référence ici à un contexte nord-américain qui diffère fortement de la réalité palermitaine, l'attraction vers les quartiers du centre décrit par cet auteur participe du même désir d'authenticité et d'exotisme que le centre historique provoque chez les jeunes palermitains depuis l'entame du processus de revalorisation.

3. LA POLITIQUE MENEE PAR L'ADMINISTRATION CAMMARATA ET SON IMPACT SUR LE PROCESSUS DE GENTRIFICATION

A la fin de l'an 2000, Leoluca Orlando démissionne pour se porter candidat au poste de président de la région sicilienne, sans succès puisque c'est Salvatore Cuffarò, du parti *Forza Italia* (centre droit) qui est élu. Le 25 novembre 2001, l'avocat Diego Cammarata, député national du parti *Forza Italia*, est élu maire de la ville de Palerme au premier tour. Le centre droit devient aussi majoritaire au Conseil Communal. Le nouveau maire s'octroie les postes de délégué à l'urbanisme et de délégué pour le centre historique et s'attache les services du consultant Nino Bevilacqua, ingénieur et professeur d'infrastructure des transports, qui va s'occuper de la réhabilitation du centre historique.

3.1. LA PHILOSOPHIE DE L'ADMINISTRATION CAMMARATA DANS SA POLITIQUE DE RÉHABILITATION DU CENTRE HISTORIQUE

3.1.1. Un changement d'orientation

La nouvelle administration fait valoir sa propre conception de la requalification du centre historique, qui diffère de celle de l'administration Orlando. Le 5 avril 2003, Diego Cammarata présente au public son plan pour la réhabilitation du centre historique, qui prévoit un investissement à hauteur de 425 millions d'euros et mise sur un partenariat entre les instances publiques et les organismes privés : « [Il recupero del centro storico si deve fare] *in una perfetta sintesi di intervento fra pubblico e privato, indispensabile per consentire l'autentica rivitalizzazione di questa parte così importante della nostra città* »[49] (Déclaration de Diego Cammarata, http://www.comune.palermo.it/Comune/centro_storico/nuova_vita.htm, 05.04.2003). Dans cette déclaration, le nouveau maire s'exprime sur les principaux objectifs du plan de réhabilitation du centre historique. La priorité est donnée à la réhabilitation des façades des immeubles des deux rues principales du centre historique, la Via Maqueda et le Corso Vittorio Emanuele (voir carte 1.1. : Centre historique de Palerme) : « *Il recupero dei prospetti monumentali di corso Vittorio Emanuele e di via Maqueda costituisce una delle parti più significative del piano di recupero del centro storico di Palermo.* »[50] (ibid.). Certaines voix se sont alors élevées pour critiquer « la réhabilitation de façade », comme Teresa Cannarozzo, qui évoque le « make-up » urbain et territorial mené par la mairie (Cannarozzo, 2003 : 3). Enrico Bellavia, journaliste à la Repubblica, partage cette analyse en parlant du « maquillage » de ces façades, derrière lesquelles subsistent des immeubles en ruine : « [...] *una maquillage alla facciata di palazzi che resistono solo nella facciata e hanno cumuli di macerie e tuguri alle spalle* »[51] (Bellavia, la Repubblica, édition de Palerme, 30/11/2005).

3.1.2. L'ouverture aux investisseurs privés

Le *Piano particolareggiato esecutivo* (*Ppe*) demeure le document de référence pour la réhabilitation du centre historique, mais l'administration Cammarata amène plusieurs variantes aux normes de réalisation prévues par le plan, notamment dans le but d'élargir les modalités d'utilisation des immeubles réhabilités du centre historique. L'administration communale ne

---

[49] « [*La réhabilitation du centre historique doit se faire*] en une synthèse parfaite d'intervention entre public et privé, indispensable pour permettre l'authentique revitalisation de cette partie si importante de notre ville. »
[50] « La réhabilitation des façades monumentales de *Corso Vittorio Emanuele* et *Via Maqueda* constitue une des parties les plus significatives du plan de requalification du centre historique de Palerme. »
[51] « Un maquillage sur la façade de palais qui résistent seulement en façade et ont des amas de décombres et de taudis derrière eux. »

cache pas sa volonté d'accélérer le processus de requalification du centre historique en allégeant les procédures pour les privés désirant restaurer et reconvertir des immeubles : « *Il piano punta a dare una forte sterzata per far rinascere il centro storico. Il Comune scende in campo direttamente in molte delle iniziative da portare avanti, ma punta principalmente a stimolare l'azione dei privati intervenendo con lo snellimento e lo sveltimento delle procedure* »[52] (communiqué de presse du 15 juin 2004, http://www.comune.palermo.it/Comune/conferenze_stampa/cs52.htm). Ainsi, plusieurs entrepreneurs ont obtenu l'autorisation de réaliser des hôtels de luxe (quatre ou cinq étoiles) dans neuf palais restaurés[53] moyennant un changement dans les destinations d'utilisation prévues par le *Ppe*. Il est intéressant de noter que tous ces hôtels prestigieux en cours de réalisation ou déjà construits sont situés dans un périmètre relativement restreint qui correspond au milieu du centre historique avec toutefois une prédominance des édifices situés dans le quartier *Tribunali-Kalsa* (voir carte 1.2. : Mandamenti)). Les variantes apportées aux normes prévues par le *Ppe* pour autoriser la construction de ces hôtels correspondent parfaitement à l'objectif poursuivi par la Commune, qui vise à attirer les touristes aisés vers le centre historique pour en faire un pôle de développement économique important : « *Si punta a portare all'interno della città antica un tipo di turismo medio alto e si guarda principalmente a russi, americani, giapponesi e tedeschi. [...] Un'iniziativa molto importante perché quando queste strutture saranno operative contribuiranno a stimolare l'occupazione, miglioreranno i servizi nelle aree circostanti e determineranno effetti positivi sul commercio.* »[54] (ibid.). Le discours tenu par l'administration Cammarata dans ce communiqué de presse révèle la dimension libérale de sa politique, qui compte principalement sur l'apport des privés pour revitaliser le centre historique. La Commune mise explicitement sur le développement d'un tourisme d'élite, grâce à l'aide octroyée aux entrepreneurs qui proposent une offre d'hôtels prestigieux, et espère ainsi stimuler la croissance économique dans le centre historique. Cette démarche représente un exemple concret de « *l'alliance concertée et systématique de l'urbanisme public et du capital, privé et public* » (Smith, 2003, 161) évoquée par Neil Smith, qui « *a rempli le vide laissé par le retrait des politiques urbaines progressistes* »(ibid.) et caractérise la nouvelle phase de la gentrification.

En ce qui concerne les subventions accordées aux privés pour les travaux de restauration, l'administration communale montre à nouveau son intention de procéder rapidement et d'encourager les initiatives privées. C'est ainsi que la publication du cinquième avis pour l'attribution d'une contribution, émise en 2002, présentait une grande nouveauté : l'avis était cette fois ouvert aux entreprises immobilières, qui pouvaient donc prétendre à l'octroi de subventions pour les travaux de réhabilitation. Cette nouvelle mesure permet d'expliquer en partie le succès récolté par cet appel aux initiatives privées. En effet, les quinze millions d'euros initialement prévus pour attribuer des subventions n'ont pas suffi à satisfaire toutes les demandes, et la Commune a débloqué seize autres millions d'euros pour combler toutes les requêtes. Le cinquième avis est donc celui qui a suscité le plus d'engouement parmi les initiatives privées puisqu'au total, plus de 200 demandes ont été déposées, sur lesquelles 156 ont été acceptées (voir tableau 4). L'administration Cammarata a lancé en 2006 un sixième avis pour l'attribution de subventions en procédant d'une manière un peu différente : une

---

[52] « Le plan vise à donner une forte impulsion pour faire renaître le centre historique. La Commune s'engage directement sur le terrain dans plusieurs initiatives, mais elle vise principalement à stimuler l'action des privés avec l'allégement et l'accélération des procédures. »

[53] Les neufs palais sont les suivants : *Palazzo di Napoli* et *Palazzo Costantino*, *Palazzo dell'ex Cassa di Risparmio*, *Palazzo Butera* et *Palazzo Piraino*, *Palazzo ex Satris*, *Edificio in via Monteleone*, *Immobile in via Cassari*, *Edificio in via Butera*, *Hotel Sole*

[54] « Nous visons à attirer à l'intérieur de la cité antique un type de tourisme aisé et nous pensons principalement à des Russes, Américains, Japonais et Allemands. [...] Une initiative très importante parce que quand ces structures seront opérationnelles, elles contribueront à stimuler le marché du travail, elles amélioreront les services dans les zones alentours et auront des effets positifs sur le commerce. »

enquête a été menée pour identifier les immeubles les plus dégradés du centre historique et les fonds débloqués par la Commune seront entièrement consacrés à leur réhabilitation. L'enquête a permis d'identifier 282 édifices dégradés (47 dans le quartier *Castellamare*, 67 dans le quartier *Tribunali*, 80 dans le quartier *Palazzo Reale* et 88 dans le quartier *Monte di Pietà*) parmi lesquels 90 sont habités. La Commune sommera les propriétaires de présenter une demande pour réhabiliter leurs immeubles. Pour ceux qui ne le feront pas, la Commune procédera à l'expropriation du bien immobilier dans le but de le restaurer.

3.2. L'IMPACT SUR LE PROCESSUS DE GENTRIFICATION

3.2.1. Une politique très libérale

Ces quelques éléments concernant les pratiques et les discours de l'administration Cammarata, même si la liste est loin d'être exhaustive, permettent de souligner les changements adoptés dans la conception de la réhabilitation du centre historique. Le nouveau maire mène en effet une politique beaucoup plus libérale que celle adoptée par Leoluca Orlando. A travers plusieurs variantes apportées aux normes prévues par le Ppe, notamment en ce qui concerne les destinations d'utilisation des immeubles historiques et l'octroi des subventions aux particuliers, l'administration communale se distingue par sa volonté de réhabiliter rapidement le centre historique et de laisser plus de liberté aux initiatives privées. Teresa Cannarozzo se montre critique vis à vis de cette politique qu'elle définit comme une déréglementation du marché immobilier sur lequel la Commune n'a aucun contrôle : « *La deregulation impazza nonostante il rigore della strumentazione urbanistica vigente e sembra che il Comune non eserciti alcun controllo. Ci si domanda con qualche angoscia se è questo il prezzo da pagare per accelerare il recupero del centro storico* » (Cannarozzo, 2003 : 4).

Malgré la rigidité du *Ppe*, il est possible d'affirmer que la politique menée par la Commune est favorable au développement du processus de gentrification. En effet, les pratiques et les discours de l'administration communale rappellent certains aspects de la nouvelle vague de la gentrification évoquée par Neil Smith. Le partenariat privé-public recherché par la Commune et la pénétration du capital financier dans la requalification du centre historique en sont deux aspects importants. Le discours produit par l'administration Cammarata, qui vise à laisser le marché pénétrer la requalification du centre historique, peut s'apparenter aux politiques urbaines évoquées par Neil Smith : « *Les politiques urbaines n'aspirent pas tant à guider ou réguler l'orientation de la croissance économique, elles se mettent dans des rails déjà mis en place par le marché, en attente de contreparties plus élevées, soit directement, soit sous forme de rentrées d'impôts.* »(Smith, 2003 : 163). Cette stratégie libérale est en effet présente dans le discours et les pratiques de l'administration communale, qui constate avec satisfaction que les entrepreneurs immobiliers investissent dans le centre historique, et compte sur les contreparties qu'une telle situation pourra apporter. « *Costatiamo con soddisfazione - prosegue il sindaco - che diversi imprenditori sono pronti ad investire decine di milioni di euro nel centro storico. Ciò favorirà l'economia dell'indotto, creerà nuova occupazione, agevolerà la riqualificazione e avrà notevoli effetti positivi sulle attività commerciali che insistono in quest'area della città.* » (Communiqué de presse du 15 juin 2004, http://www.comune.palermo.it/Comune/conferenze_stampa/cs52.htm).   L'administration communale compte en effet sur les profits que l'économie locale pourra réaliser en laissant les promoteurs immobiliers entrer dans le marché de la requalification du centre historique.

Ces pratiques rappellent les politiques publiques décrites par Neil Smith dans sa théorie sur la nouvelle phase de gentrification : « *Les projets immobiliers deviennent la pièce centrale de l'économie productive de la ville, une fin en soi, justifiée par l'apport d'emplois, de taxes, de tourisme et la construction de grands complexes culturels, en plus des très grands aménagements multisectoriels et des palais de la consommation, dans les nouveaux centres-villes.* » (Smith, 2003 : 163).

3.2.2. L'impact sur le marché immobilier

La politique menée par la nouvelle administration est donc propice au développement du processus de gentrification dans le centre historique de Palerme. Elle a déjà eu des effets sur le marché immobilier, puisque les prix des terrains ont massivement augmenté depuis 2000. L'augmentation de la valeur immobilière des terrains construits constitue un aspect important dans le développement du processus de gentrification, parce qu'elle représente une des principales conséquences de la réhabilitation d'un bâti dégradé et constitue un des vecteurs importants de la transformation de la composition sociale d'un quartier puisque l'augmentation des prix restreint fortement l'accès aux couches les plus aisées de la population.

Le tableau 2.6. permet de constater une augmentation spectaculaire des prix des terrains au mètre carré pour les immeubles situés dans le centre historique. L'augmentation la plus significative est celle enregistrée pour les prix des immeubles à réhabiliter (+112%), qui ont plus que doublé durant cette période. Dans un communiqué de presse publié par l'administration communale le 15 juin 2004, le maire de la ville constatait déjà une forte augmentation de la valeur immobilière des édifices du centre historique durant les deux années précédentes. « *Gli ultimi due anni vedono anche una forte impennata dei valori immobiliari con incrementi di circa il 50 per cento sia per gli appartamenti ristrutturati che per le unità fortemente degradate* »[55](Communiqué de presse du 15 juin 2004, http://www.comune.palermo.it/Comune/conferenze_stampa/cs52.htm). Évoquant l'intérêt montré par différents entrepreneurs pour réaliser des hôtels de luxe dans le centre historique, Diego Cammarata se félicite de cette forte augmentation de la valeur immobilière des édifices du centre : « *Dopo la forte impennata dei valori immobiliari registrata in questi ultimi due anni - dice il sindaco Diego Cammarata -, un altro segnale concreto di grande attenzione verso il cuore della città sino a qualche anno fa quasi dimenticato.* »[56] (ibid.).

Tableau 2.6. : Evolution de la valeur moyenne des immeubles dans le centre historique entre 2000 et 2006 (valeurs en euros au mètre carré)

	2000	2006	Variation en % entre 2000 et 2006
Immeubles réhabilités	900	1600	+ 77 %
Immeubles à réhabiliter	400	850	+ 112 %

Source : Osservatorio Immobiliare Fiaip 2000 et 2006

Cette situation peut être expliquée par différents facteurs. L'entrée de l'euro comme monnaie unique depuis le 1er janvier 2002 permet d'expliquer en partie cette augmentation spectaculaire. Giovanni Mendola relève que l'établissement de l'euro a contribué à augmenter fortement les valeurs immobilières : « *c'è stato un aumento galopante, negli ultimi tre quattro anni con l'entrata dell'euro, c'è stato un balzo quasi del cento per cento.* »[57]. Les données de l'Osservatorio immobiliare Fiaip doivent donc être nuancées au regard de cet événement qui a

---

[55] « Ces deux dernières années ont vu aussi une forte augmentation des valeurs immobilières avec des accroissements d'environ 50% autant pour les appartements réhabilités que pour les unités fortement dégradées. »

[56] « Après la forte augmentation des valeurs immobilières enregistrée durant ces dernières années –dit le maire Diego Cammarata-, un autre signal concret de grande attention envers le cœur de la ville qui était il y a quelques années quasiment oublié. »

[57] « Il y a eu une augmentation galopante durant les trois ou quatre dernières années avec l'entrée de l'euro, il y a eu une augmentation quasiment de 100 pourcent. »

marqué le marché immobilier palermitain comme il a marqué toute l'économie italienne. Cependant, l'augmentation des prix des terrains n'a pas été la même pour toutes les zones de la ville. Les tableaux 2.7. et 2.8. permettent de comparer l'évolution des prix des immeubles du centre historique avec deux autres zones choisies pour l'analyse à titre de comparaison. Les quartiers de Politeama et de Libertà, qui sont les zones les plus chères de la ville de Palerme, connaissent elles aussi une augmentation des prix, mais pas dans une mesure aussi importante que les maisons du centre historique (28 % pour les immeubles restaurés et 59 % pour les immeubles à réhabiliter).

Tableau 2.7. : variation des prix moyens des immeubles restaurés au mètre carré en % entre 2000 et 2006

	Prix moyens 2000	Prix moyens 2006	Variation en % 2000-2006
Politeama	2150	2750	28 %
Libertà	2150	2750	28 %
Centre historique	900	1550	72 %

Source : Osservatorio Immobiliare Fiaip 2000 et 2006

Tableau 2.8. : variation des prix moyens des immeubles à restaurer au mètre carré entre 2000 et 2006)

	Prix moyens 2000	Prix moyens 2006	Variation en % 2000-2006
Politeama	1350	2150	59 %
Libertà	1350	2150	59 %
Centre historique	400	850	112 %

Source : Osservatorio Immobiliare Fiaip 2000 et 2006

D'autres facteurs explicatifs de cette tendance doivent donc être recherchés. Giovanni Mendola explique que la demande est plus importante depuis cinq ou six ans qu'elle ne l'a été par le passé. La nouveauté réside dans le fait que de nombreuses personnes de l'extérieur sont prêtes à investir dans le centre historique : « *la richiesta tuttora è molto alta sia diciamo dai palermitani ma anche di persone da fuori che si vogliono trasferire al centro storico di Palermo. Io personalmente non ho fatto vendità di persone di fuori però so che parecchi...sia tedeschi, francesi... detto dei miei colleghi che hanno investito, hanno comprato qualche cosa lì al centro storico.* »[58]. Cette hausse de la demande est aussi relevée par d'autres interlocuteurs et permet d'expliquer en partie l'augmentation de la valeur immobilière. L'attractivité nouvelle du centre historique est liée au processus de revalorisation, dont les effets sur le marché immobilier se sont fait ressentir ces dernières années.

Cependant, la politique libérale menée par la nouvelle administration communale a contribué à accélérer le processus. La possibilité donnée aux promoteurs immobiliers de bénéficier des subventions pour les travaux de restauration a donné lieu à une « chasse » aux édifices dégradés qui fait grimper les prix des terrains. Les articles de Enrico Bellavia, publiés dans la Repubblica durant le mois de décembre 2005, insistent sur cet aspect en évoquant

---

[58] « La demande en ce moment est très élevée que ce soit pour les palermitains mais aussi pour les personnes de l'extérieur qui veulent habiter dans le centre historique de Palerme. Personnellement, je n'ai pas fait de vente à des personnes de l'extérieur, mais je sais par mes collègues que plusieurs personnes, des Suédois, des Danois, ont investi ont acheté quelque chose dans le centre historique. »

notamment « *il grande affare del risanamento* ». Le journaliste parle de prix avoisinant les 5000 euros au mètre carré et relève le caractère relativement récent du phénomène, laissant entendre que l'entrée des promoteurs immobiliers dans les programmes de subventions accordées aux particuliers constitue un facteur explicatif de cette situation : « *All'alba del risanamento, quando ancora i primi quattro bandi di contributi pubblici sbarravano il passo alle immobiliari, si viaggiava sui 750 euro al metro quadro, adesso si è schizzati a 5000.* »(Bellavia, La Repubblica, édition de Palerme, 4/12/2005). Bellavia explique comment certaines entreprises immobilières se sont spécialisées dans l'achat d'immeubles pour les restaurer et les revendre à des prix beaucoup plus élevés : « *Il gioco è eterno : comprare a poco e rivendere a molto, moltissimo. Ci sono immobiliari ormai specializzate solo in questo* » (Bellavia, la Repubblica, édition de Palerme, 30/11/2005). Giovanni Mendola a pu observer ce phénomène dans son agence immobilière : « *per quanto riguarda le imprese, giustamente comprano, ristrutturano e li rivendono* ». Les entreprises immobilières disposent de plus de temps et de moyens financiers que les particuliers pour affronter les problèmes de la fragmentation de la propriété immobilière et de l'accession aux subventions. Bellavia explique clairement cet aspect de la réhabilitation du bâti : « *Difficile* [...] *mettere d'accordo i proprietari dell'intero stabile. Rintracciare e convincere padroni introvabili di case cadenti. E provare dopo ad accedere a mutui e contributi a fondo perduto. Prima o poi anche quel palazzo andrà giù o sarà venduto appena in tempo a immobiliari che avranno tempo, voglia e risorse per mettersi alla caccia dei proprietari, riunirli da un notaio e concludere i compromessi.* » (Bellavia, la Reppublica, édition de Palerme, 30/11/2005). Les propriétaires eux-mêmes perçoivent un avantage à revendre leurs biens immobiliers aux entreprises pour réaliser des bénéfices immédiats sur lesquels ils ne comptaient pas avant que le processus de réhabilitation soit entamé. Francesco Lo Piccolo explique ce phénomène en rappelant qu'il concerne surtout des anciens propriétaires possédant des édifices fortement dégradés : « *alcuni residenti storici in proprietà, cioè non affittuari ma in proprietà, sono molto allettati a vendere a prezzi vantaggiosi. Soprattutto quelli che sono gli immobili in cattivo stato di conservazione. Perché ormai ci hai l'imprenditore che è disposto a pagarti un pò per quello che è diciamo la tua condizione della tua casa. Tu lo vendi, ci fai un po di guadagni, quello lì poi recupera tutta un intera unità edilizia, la rivende a prezzi molto più alti, però intanto il piccolo proprietario, magari persone anziane, chi non ha interesso o non ha i mezzi per recuperarsi la sua casetta vendono e sono convinte anche di fare un affare perché vendono ad un prezzo che, fino a dieci anni fa, non avrebbero mai immaginato. Al tempo stesso, l'imprenditore che compra, il vero affare lo fa lui.* »[59]. L'entrée des entrepreneurs sur le marché immobilier du centre historique est donc une réalité relativement récente qui a été favorisée par les décisions de la nouvelle administration communale pour accélérer le processus de réhabilitation du centre historique. Teresa Cannarozzo voit ce phénomène d'un mauvais œil et prétend que les investissements réalisés dans le centre historique sont l'œuvre d'obscures entreprises: « *In realtà nel centro storico si è scatenata una fervida attività di compravendita di immobili, anche abitati, da parte di oscuri soggetti e dappertutto sorgono cantieri di (presunto) restauro* » (Cannarozzo, 2003 : 4). Il est difficile de prouver que le spectre de l'insertion mafieuse dans le secteur de l'immobilier est en œuvre dans le centre historique, mais Teresa Cannarozzo affirme que les opérations spéculatives existent. Selon elle, elles sont le produit de la politique libérale menée par la Commune et elles auront pour

---

[59] « Certains anciens résidents en propriété, qui ne sont pas des locataires mais des propriétaires, sont très intéressés à vendre à des prix avantageux. Surtout ceux qui ont des immeubles en mauvais état. Parce que maintenant tu as l'entrepreneur qui est disposé à payer un peu pour ta maison en fonction de sa condition de dégradation. Toi, tu la vends, tu fais un peu de bénéfices et celui-là restaure ensuite un immeuble entier et le revend à des prix beaucoup plus élevés. Mais en attendant, les petits propriétaires, peut-être des personnes âgées ou des gens qui n'ont pas intérêt ou pas de moyens pour restaurer leur petite maison, vendent et sont convaincus de faire une affaire parce qu'ils vendent à un prix qu'ils n'auraient jamais imaginé dix ans auparavant. En même temps, l'entrepreneur qui achète réalise, lui, la vraie affaire. »

principale conséquence l'éloignement des anciens habitants : « *la speculazione vuol dire che uno compra a pochissimo e rivende moltissimo diciamo. E questo è in atto, le speculazioni ci sono e ci sono perché non c'è alcun controllo del mercato. Tra l'altro appunto, vengono allontanate le persone che abitano quindi c'è un ricambio selvaggio di popolazione.* »[60]. L'existence d'opérations spéculatives constitue le revers de la médaille d'un processus de réhabilitation du centre historique qui s'est accéléré ces dernières années, sous l'impulsion de la politique libérale menée par l'administration communale. La forte augmentation des prix sur le marché immobilier permet d'affirmer qu'un processus de gentrification est en œuvre dans le centre historique parce qu'elle contribue à modifier la composition sociale des habitants.

3.2.3. L'impact sur le nombre de résidents dans le centre historique

Il n'est malheureusement pas possible de confirmer cette transformation de la composition sociale des habitants en l'absence de données récentes sur les catégories socio-professionnelles des résidents du centre historique. Cependant, les chiffres publiés par *l'Osservatorio sulla condizione sociale della città* mis en parallèle avec ceux de l'*Ufficio statistica del Comune* permettent de constater pour la première fois depuis près de cinquante ans une sensible augmentation des habitants dans le centre historique. S'il est impossible d'attribuer cette tendance à la seule politique de requalification du centre historique menée par l'administration actuelle, il est en revanche permis d'affirmer qu'il existe un nouvel attrait pour cet espace autrefois abandonné et que le centre historique connaît ainsi le développement d'un processus de gentrification.

Tableau 2.8. : évolution du nombre d'habitants dans le centre historique entre 2001 et 2005

	2001	2005
Nombre d'habitants dans le centre historique	21275	27295

Source : Ufficio Statistica del Comune 2001 et Osservatorio sulla condizione sociale della città 2005

Cependant, la gentrification est un processus hétérogène qui ne se développe pas uniformément à l'intérieur d'un centre urbain. Il en va de même à Palerme et c'est pourquoi je m'attache à identifier les zones dans lesquelles le processus se développe prioritairement.

---

[60] « La spéculation veut dire que quelqu'un achète à des prix très bas et revend à des prix très élevés. Et ce processus est en œuvre, les spéculations existent et elles existent parce qu'il n'y a aucun contrôle du marché. Et justement, les habitants sont éloignés et donc il y a un échange sauvage de population. »

4. IDENTIFICATION DES LIEUX DE LA GENTRIFICATION

4.1. LE QUARTIER DE LA KALSA COMME LIEU PRIVILEGIE DU PROCESSUS DE GENTRIFICATION

Un élément important est apparu lors de la découverte des données fournies par *l'Osservatorio Immobiliare Fiaip* pour les années 2000 et 2006. Il s'agit de la mention *Piazza Marina*, qui apparaît pour la première fois dans les données de l'année 2000 à côté de la zone consacrée au centre historique. En 2006, le quartier de Piazza Marina apparaît même séparément des prix concernant le centre historique, comme s'il s'agissait d'une zone distincte alors qu'elle se situe géographiquement en son sein (voir carte 1.2. : Mandamenti). A ce titre, il est intéressant de noter que les prix sont plus élevés dans la zone de Piazza Marina que dans celle estampillée « centre historique ».

Tableau 2.9. : Prix des maisons au mètre carré pour l'année 2000 (en euros)

Maisons	Neuves ou restaurées		En bon état		A restaurer	
Quartiers	Minimum	Maximum	Minimum	Maximum	Minimum	Maximum
Politeama	1800	2500	1400	1500	1300	1400
Libertà	1800	2500	1400	1500	1300	1400
Centre historique/PiazzaMarina	800	1000	Pas de donnée	Pas de donnée	300	500

Source : Osservatorio Immobiliare Fiaip 2000

Tableau 2.10. : Prix des maisons au mètre carré pour l'année 2006 (en euros)

Maisons	Neuves ou restaurées		En bon état		A restaurer	
Quartiers	Minimum	Maximum	Minimum	Maximum	Minimum	Maximum
Politeama	2500	3000	2200	2600	2000	2300
Libertà	2500	3000	2200	2600	2000	2300
Centre historique	1300	1800	1100	1600	700	1000
Piazza Marina	1600	2000	1400	1800	1200	1600

Source : Osservatorio Immobiliare Fiaip 2006

L'analyse qualitative permet d'apporter quelques explications pour expliquer cette situation. D'abord, la zone définie comme « *Piazza Marina* » correspond plus largement à une portion du *Mandamento Tribunali*, qui est connue sous le nom de la *Kalsa* (voir carte 1.2. Mandamenti) délimitée par le bord de mer à l'est, le *Corso Vittorio Emanuele* au Nord, la *Via Roma* à l'ouest et la *Via Lincoln* au sud. La *Kalsa* (de l'arabe *Al Halisa*, l'élue) est considérée comme le plus ancien quartier de la ville mais il est aussi le quartier qui a subi le plus de dégâts durant les bombardements de janvier 1943. Avant que le processus de réhabilitation du centre historique ne soit entamé, ce quartier était considéré comme l'un des plus dégradé tant d'un point de vue physique que social. Les guides touristiques insistent encore aujourd'hui sur la dégradation physique et l'extrême pauvreté qui caractérisaient la *Kalsa*, comme en témoigne cette phrase tirée du Lonely planet : « *La Kalsa fait partie des quartiers les plus connus et des plus misérables de la ville. Il y a peu de temps encore, on déconseillait fortement aux visiteurs de s'y aventurer après la tombée de la nuit. Considérant l'endroit comme une enclave du tiers-monde, Mère Teresa y établit une mission. La honte poussa alors les autorités à agir, faisant de ce secteur le principal bénéficiaire du projet de restauration actuel.* » (Hardy, 2005 : 83). Ce quartier est devenu entre-temps le plus cher et le plus attractif du centre historique. Plusieurs facteurs permettent d'expliquer cette importante transformation.

4.2. LES FACTEURS EXPLICATIFS

4.2.1. Le facteur « naturel »

Pour Giovanni Mendola, la présence de nombreux palais historiques, l'importance de la situation géographique de la *Kalsa*, qui débouche sur la mer, sont des éléments qui ont favorisé une réhabilitation massive des immeubles, faisant ainsi augmenter la valeur immobilière : « *l'ubicazione è bella, perché già la Kalsa è vicino al mare,*[...] *lì ci sono dei bellissimi palazzi nobiliari* [...] *in cui già c'è stato un massiccio intervento di ristrutturazione* [...]*e quindi, già ci sono parecchi immobili ristrutturati e quindi i prezzi li sono aumentati di parecchio.* »[61]. Pour lui, le processus de réhabilitation du bâti est plus avancé dans la zone de la *Kalsa* et a déclenché un phénomène d'attraction des personnes exerçant des professions libérales, qui attirent à leur tour une catégorie plus aisée de la population. « *E una zona molto ambita* [...] *soprattutto perché già lì ci sono stati interventi, immobili che già recentemente sono stati ristrutturati quindi c'è già un mercato, il palazzino è già ristrutturato e già abitato da professionisti perché spesso vengono abitati da professionisti quindi non c'è tanto la differenza rispetto al centro storico dove magari chi compra* [...] *deve abitare assieme magari a persone della zona quindi del popolo.* »[62] . Le discours de Giovanni Mendola est intéressant à plus d'un titre car il révèle l'assimilation de la distinction opérée par les agences immobilières entre la *Kalsa* et le centre historique (il dit : *par rapport au centre historique* en évoquant la zone de la *Kalsa*). D'autre part, il ressentait un certain malaise (qui ne transparaît malheureusement pas à l'écrit) à évoquer et à décrire les anciens habitants du centre historique, qui représentent souvent une population aux ressources limitées, et qu'il définit comme des « personnes du peuple ». Enfin, le processus qu'il décrit peut être clairement identifié par un géographe comme un phénomène de gentrification, alors que je n'avais pas évoqué ce terme à ce moment-là de l'entretien. En revanche, ce discours n'apporte pas de réponse précise en ce qui concerne la véritable origine de l'attractivité exercée par ce quartier.

4.2.2. La politique menée par l'administration Cammarata et le festival Kals'Art

Pour Vincenzo Guarrasi, les facteurs explicatifs sont à chercher dans la politique menée par l'administration communale de Diego Cammarata. Il rappelle une caractéristique fondamentale de la ville de Palerme et du Sud de l'Italie en général : l'enchevêtrement marqué du domaine

---

[61] « La situation est belle, parce que déjà Piazza Marina est près de la mer, il y a de très beaux palais nobiliaires pour lesquels il y a eu de massives interventions de restauration, il y a plusieurs immeubles restaurés et donc les prix ont augmenté fortement dans la zone »
[62] « C'est une zone très attractive surtout parce qu'il y a déjà eu des interventions, des immeubles qui ont été récemment rénovés, donc il y a déjà un marché. Le palais restauré est déjà habité par des personnes exerçant des professions libérales parce qu'ils sont souvent habités par ce type de personnes et donc il n'y a pas tellement cette différence par rapport au centre historique où ceux qui achètent doivent habiter peut-être avec des personnes du quartier et donc du peu. »

politique et du secteur économique, lié à la faiblesse du système de production qui doit faire appel à l'appareil d'Etat pour combler ses carences. Selon lui, les deux secteurs sont tellement proches l'un de l'autre qu'ils deviennent certaines fois une seule et unique entité : « *le due figure sono così vicine che qualche volte sono la stessa figura, cioe che l'imprenditore è al tempo stesso il rappresentante politico e vice versa.* »[63]. Dans ce contexte, l'influence de la politique sur le processus économique qu'est la gentrification est forcément importante. Alors que la politique menée par Leoluca Orlando concernait le centre historique dans sa totalité, l'administration Cammarata semble privilégier certaines zones parmi lesquelles la *Kalsa* figure en tête de liste. C'est l'avis de Vincenzo Guarrasi, qui s'exprime ainsi : « [Con la giunta Orlando] *si guardava, secondo me, comunque su tutto il centro storico. Questi qua* [la giunta Cammarata] *fanno un operazione, riducono il raggio d'azione.* »[64] Il est en effet frappant de constater comme les initiatives entamées par l'administration Orlando à l'intérieur de ce quartier ont été reprises par l'administration Cammarata alors que d'autres opérations ont été laissées dans un état de relatif abandon (les *Cantieri culturali alla Zisa* ou le *Teatro Massimo* par exemple). Les opérations d'intervention sur le *Foro Italico*[65] (voir carte 1.3 : principaux lieux évoqués dans l'étude), longtemps considéré comme l'un des symboles des destructions liées au bombardement de janvier 1943 (voir chapitre 1, p. 3), avaient été prévues par l'administration Orlando, mais la nouvelle junte a confié à l'architecte milanais Italo Rota le soin de réhabiliter cet espace qui relie le centre historique à la mer. Cette opération, largement médiatisée, a été concrétisée à l'automne de l'an 2005 pour laquelle la Commune a déboursé cinq cent mille euros. La deuxième opération d'envergure a été la réhabilitation du *convento di Sant'Anna*[66] (voir carte 2.1. : principaux lieux de Kals'Art), qui a été reconverti en un énorme musée et inauguré le 1er novembre 2005 par Diego Cammarata après vingt ans de travaux de restauration entamés par l'administration Orlando.

4.2.2.1. L'importance du festival Kals'Art

Pour Vincenzo Guarrasi, l'attractivité récente du quartier de la *Kalsa* est fortement liée à la mise en œuvre du festival artistique *Kals'Art*. Ce festival a été mis sur pied à partir de l'année 2004, il propose toute une série d'événements culturels et artistiques (musique, théâtre, expositions) durant lesquels les églises et les musées sont ouverts jusqu'à minuit, et se déroule tous les étés dans différents lieux de la *Kalsa* (voir carte 2.1. : principaux lieux de Kals'Art). L'administration Cammarata a fait appel à Davide Rampello, milanais, professeur de sciences de la communication à l'Université de Padoue, directeur de la Triennale de Milan[67], pour organiser une manifestation qui soit non seulement un festival artistique mais aussi un projet de revalorisation territoriale. Comme il le dit lui-même, le but était d'encourager parallèlement la revitalisation de ce quartier : « *il Kals'Art non è solo un festival, è anche un festival ma in realtà è un progetto di valorizzazione del territorio. Perché quando l'ho concepito, inanzitutto l'idea era di innescare diciamo tutta una serie di attività culturali dentro il quartiere* »[68]. La *Kalsa* a été désignée pour devenir le centre de cette manifestation en

---

[63] « Les deux figures sont tellement proches que certaines fois elles sont la même figure, c'est-à-dire que l'entrepreneur est en même temps le représentant politique et vice-versa. »

[64] « [Avec l'administration Orlando], on s'intéressait, à mon avis, à tout le centre historique. Eux (l'administration Cammarata), ils font une opération et réduisent le rayon d'action

[65] Le *Foro Italico* représente le bord de mer situé à l'extrémité est du quartier de la *Kalsa*.

[66] Le complexe monumental de Sant'Anna, est formé du palais Bonet (XVe siècle) et du couvent franciscain (XVIIe siècle) adjacent. Il est aussi situé dans le quartier de la *Kalsa*.

[67] La Triennale de Milan est une célèbre fondation destinée à promouvoir les activités che recherches et exposer les domaines de l'architecture, de l'urbanisme, du design, de la mode et des moyens de communication audiovisuelle .

[68] « Kals'Art n'est pas seulement un festival, c'est aussi un festival mais c'est en réalité un projet de valorisation du territoire. Parce que quand je l'ai conçu, l'idée était surtout d'amorcer toute une série d'activités culturelles dans le quartier. »

fonction de deux critères : son statut de plus ancien quartier de la ville abritant un patrimoine architectural exceptionnel et son caractère fortement dégradé, tant d'un point de vue physique que social. Davide Rampello insiste sur ce dernier aspect : « [...] *è anche vero che quando abbiamo cominciato era il quartiere più degradato dal punto di vista proprio del degrado generale e sociale. Era il quartiere del contrabando, i palermitani non entravano nella Kalsa perché avevano paura* »[69].

Les objectifs poursuivis par l'organisation de cette manifestation peuvent être classés en trois grandes catégories :

- Un objectif de réhabilitation du bâti : en réunissant divers acteurs de la réhabilitation du centre historique, Davide Rampello proposait d'identifier certains immeubles dégradés et de les restaurer pour la manifestation *Kals'Art* : « *il progetto iniziale è stato quello di mettere intorno a un tavolo tutti le componenti, diciamo della città. L'assessorato alla cultura, l'Assessorato al centro storico, la sovraintendenza e raccontare a loro il progetto e, assieme a loro realizzare il progetto. Allora, ti faccio un esempio : c'era lungo Via Alloro che ormai vedi che è tutta restaurata, cinque anni fa era un disastro. Dove oggi c'è il teatro Bonagia, dove si fa teatro, lì era macerie. Allora io ho detto : questo è un posto molto bello per realizzare un teatro, allora siccome l'ho detto e davanti a me c'era il responsabile del centro storico, lui ha detto : bene, noi restauriamo questo in tempo per il festival* »[70]. Le directeur du festival donne d'autres exemples de ce type, pour la galerie d'art *Expa*[71] (voir carte 2.1. : principaux lieux de Kals'Art), notamment. Outre cet impact « direct » du festival sur la réhabilitation de différents immeubles, la Commune compte sur l'influence indirecte que peut avoir la manifestation sur l'attractivité du quartier qui doit encourager le processus de réhabilitation du bâti.

- Un objectif de réhabilitation du tissu social et productif du quartier : l'idée principale est de mobiliser les principaux acteurs sociaux de la Kalsa (commerçants, artisans, restaurateurs) autour du projet pour favoriser le développement économique du quartier et de contribuer à la formation d'un sentiment identitaire fort autour de la Kalsa. Davide Rampello a ainsi réuni ces acteurs et les a impliqués dans ce projet : « *E poi tutto questo progetto, all'inizio, io ho in un piccolo teatro qui, ho preso tutti gli operatori della Kalsa, i baristi, [...]quelli che fanno il cibo e che vendono il cibo di strada che cui è meraviglioso a Palermo perché è una delle ricchezze. E ho raccontato a loro il progetto. E ho detto sto facendo un progetto per voi, per cercar di aiutarvi a portare vita. E lo facciamo attraverso le attività della cultura, attraverso il risanamento edilizio.* »[72]. Le but de cette démarche est donc de revitaliser le tissu productif local pour favoriser le développement économique de la zone.

---

[69] « C'est aussi vrai que quand nous avons commencé, c'était le quartier le plus dégradé, du point de vue de la dégradation générale et sociale. C'était le quartier de la contrebande, les palermitains n'entraient pas dans la Kalsa parce qu'ils avaient peur. »
[70] « Le projet initial était de réunir autour d'une table toutes les composantes de la ville. L'assesseur à la culture, l'assesseur du centre historique, la sovraintendenza et de leur raconter le projet, et de réaliser ensemble le projet. Je te donne un exemple : il y avait le long de Via Alloro, qui est désormais réhabilitée, cinq ans auparavant, c'était un désastre, où aujourd'hui il y a le théâtre Bonagia, dans lequel on fait du théâtre, là il y avait des gravats. Alors j'ai dit : c'est un très bel endroit pour réaliser un théâtre et comme il y avait devant moi le responsable du centre historique, il a dit : bien, nous le réhabiliterons à temps pour le festival. »
[71] La galerie d'architecture *Expa*, créée en février 2005, vient de l'initiative de deux étudiants en architecture,Tiziano di Cara et Giuseppe Romano. Soutenue financièrement par la Commune, la galerie est devenue depuis le 10 mars 2005 le siège « off » de la Triennale de Milan, grâce à une décision de Davide Rampello, directeur de la Triennale et directeur de la manifestation *Kals'Art*
[72] « Et puis tout ce projet, au début, j'ai réuni dans un petit théâtre tous les opérateurs de la Kalsa, les gérants de bar, ceux qui vendent la nourriture dans la rue, qui est une chose merveilleuse à Palermo, parce que c'est une des

- Un objectif de marketing urbain et de rayonnement international : la mise en place du festival *Kals'Art* vise à revaloriser l'image du quartier de la Kalsa. Ce n'est d'ailleurs pas un hasard si Davide Rampello a été choisi pour le diriger, lui qui est un spécialiste des techniques de marketing urbain (il est professeur à l'Université de Milan et de Padoue pour des cours de promotion de l'image). Rampello relève à ce sujet qu'il a créé avec Kals'Art un modèle de revalorisation par l'image qui est applicable à d'autres lieux : « *E questo modello di promozione dell'immagine di un quartiere, al mio avviso, è un modello flessibile che si può applicare in molti casi in Italia.* »[73]. La création du festival a aussi été accompagnée par la fabrication de toute une série de gadgets (T-shirts, etc.) à l'effigie de *Kals'Art* et Vincenzo Guarrasi souligne le fait que la mention *Kals'Art* est devenue une marque déposée, un logo qui se vend comme d'autres produits : « *E un logo, è un logo Kals'Art, cioè è stato depositato, è un brevetto, cioè Kals'Art, come i copyright.* »[74]. Les opérations de marketing urbain qui entourent la manifestation sont en outre destinées à favoriser son rayonnement national et international. A travers les relais publicitaires dans les médias nationaux et internationaux, la mise en relation d'autres structures comme la Triennale de Milan (la galerie *Expa* a été officiellement désignée comme siège « off » de la Triennale par Davide Rampello) et la programmation internationale des artistes présents durant la manifestation, le festival espère ainsi acquérir un statut international. *Kals'Art* est répertorié dans le *World Events Guide* et certains médias internationaux ont consacré leurs transmissions au festival, comme la chaîne Arte, qui proposait en 2006 un reportage dans lequel il était dit à propos de la Kalsa : « *Le quartier de "La Kalsa", illuminé pour la troisième année consécutive par le festival "Kals'art", n'était que gravats et détritus. Les rues étaient mal famées. Passé 22 heures plus personne ne mettait le nez dehors. [...] La capitale sicilienne est aujourd'hui l'une des métropoles culturelles les plus vivantes d'Italie* ».

  (http://www.arte.tv/fr/artmusique/journalculture/cettesemaine/Autresthemes/1297844 .html).

Il est difficile d'affirmer que l'augmentation de la valeur immobilière des édifices de la Kalsa doit être attribué à la seule manifestation *Kals'Art*. Cependant, il est certain que le festival et les objectifs parallèles qu'il poursuit ont eu une influence sur l'évolution du marché immobilier. Pour Davide Rampello, les deux phénomènes sont liés : « *Quando abbiamo cominciato, qui si comprava 800 euro (al metro quadrato), oggi si compra a 3500 o 4000 euro ! Perciò il valore è salito. Tutti a un certo punto hanno voluto comprare qua.* »[75]. Pour Vincenzo Guarrasi, un processus de gentrification se développe à la *Kalsa* et il est dû avant tout à la politique de la nouvelle administration communale, qui a favorisé les opérations de marketing territorial grâce à des manifestations comme *Kals'Art*, et qui a contribué à faire de ce quartier une marque déposée. Ce processus représente à ses yeux une des caractéristiques de l'économie contemporaine, qui dépasse les spécificités de la ville de Palerme : « *[...] è anche un aspetto dell'economia contemporanea che si lavora più per marchi, per loghi che non per qualità del prodotto o processi produttivi. E io dico che un quartiere di Palermo è diventato un logo, dalla Kalsa a Kals'Art. [...] Ma io sono convinto che mentre un certo intreccio fra politica e economia e anche la criminalità sono specifiche di Palermo, perché sono legate a un particolare tipo di economia, invece che queste dinamiche, invece sono generali. Cioè dovunque avviene la*

---

richesses. Et je leur ai raconté le projet. Et j'ai dit : je monte un projet pour vous, pour tenter de vous aider à revitaliser ce quartier. Et nous le faisons à travers des activités culturelles, à travers la réhabilitation du bâti. »

[73] « Et ce modèle de promotion de l'image d'un quartier, est à mon avis un modèle flexible qui peut s'appliquer à de nombreux cas en Italie. »

[74] « C'est un logo, Kals'Art est un logo, il a été déposé, c'est un brevet, comme les copyright. »

[75] « Quand nous avons commencé, ici on achetait à 800 euros (au mètre carré), aujourd'hui, on achète à 3500 ou 4000 euros ! La valeur a donc augmenté. Tout le monde à un certain moment a voulu acheter ici. »

gentrification, c'è un ruolo delle politiche, non è che avviene la gentrification come un processo spontaneo, avviene come [...] una politica che è stata inventata da qualche parte poi riprodotta in tutti gli scenari. »[76]

Il fait remarquer que l'administration communale a massivement concentré ses opérations de réhabilitation sur le quartier de la *Kalsa*, ce qui a eu pour effet d'augmenter la valeur immobilière des édifices de la zone : « *concentrandosi su un pezzo soltanto, su cui fanno un operazione di marketing impressionante* [...] *quest'aver ridotto questa area, questo fasi che la rendita salta* »[77] .

Il semble donc qu'un processus de gentrification ait pu se développer à la *Kalsa* à cause de la concentration des efforts de réhabilitation dans cette zone du centre historique. Le processus de gentrification de *la Kalsa* se manifeste en outre par l'émergence de nouveaux espaces, qui allient divertissement et culture, et présentent des caractéristiques locales pour une clientèle internationale. Je reviens sur l'éclosion de ces nouveaux espaces que je nomme les « lieux de la gentrification ».

4.2.2.2. L'émergence de « lieux de la gentrification »

Les promenades fréquentes que j'ai effectuées dans le quartier de la *Kalsa* m'ont permis d'observer l'émergence de nouveaux espaces, qui proposent des services différents mais qui possèdent tous les mêmes caractéristiques : présentant des produits locaux, rattachés de près ou de loin à des activités culturelles, ils visent une clientèle plutôt aisée, souvent jeune et cosmopolite. Pour illustrer mon propos, je présente une série de photographies distribuées spatialement sur une carte qui modélise le quartier de la *Kalsa* (voir carte 2.2. : nouveaux lieux de la Kalsa). Certains de ces lieux n'apparaissent pas sur cette carte parce qu'ils sont directement ou indirectement apparentés au festival *Kals'Art*, et figurent sur la carte 2.1. : les principaux lieux de *Kals'Art*. C'est notamment le cas de la galerie de design et d'architecture *Expa* et du théâtre de *Palazzo Bonagia*. Ces lieux, ouverts récemment pour la plupart, reposent tous sur une esthétique commune, que l'on pourrait baptiser «l' esthétique de la ruine », elle-même fortement imprégnée de la réalité locale (le centre historique de Palerme offre encore au regard de l'observateur de nombreux exemples de bâtiments ayant subi les déprédations consécutifs aux bombardements de 1943). Les interventions de réhabilitation réalisées dans la majorité de ces lieux ont conservé la trace de ces déprédations, si bien que les différents restaurants, bars ou bâtiments à vocation culurelle présentés sur les photographies donnent à voir des espaces rénovés, mais dont certains des murs ou la toiture entière n'ont pas été reconstruits. Cette caractéristique propre à la réalité locale s'accompagne d'enseignes faisant référence à des espaces lointains, destinées à une clientèle « globale ». Les inscriptions « *wine bar* » (c'est le cas du *Spasimando, Mi manda Picone, 091* notamment) « *bar à bière* » (*Mikalsa*), « *bookshop and designbar*» (*Expa*) ou « *Cucina del mondo* » participent de cette mise en valeur du caractère international et cosmopolite du produit

---

[76] « [...] c'est aussi un aspect de l'économie contemporaine, où on travaille plus par marques, par logos, que par qualité du produit ou des processus productifs. Et je dis qu'un quartier de Palerme est devenu un logo, de la Kalsa à Kals'Art [...] Mais je suis convaincu que si un certain enchevêtrement entre politique et économie, et aussi la criminalité sont spécifiques à Palerme parce qu'elles sont liées à un type particulier d'économie, ces dynamiques sont en revanche générales. Ainsi, partout où se développe la gentrification, il y a un rôle des politiques, la gentrification n'advient pas comme un phénomène spontané, elle se développe comme une politique qui a été inventée quelque part et ensuite reproduite dans tous les scénarii.

[77] En se concentrant sur une partie seulement, sur laquelle ils font une opération de marketing impressionnante [...] cette façon de réduire l'aire d'action fait que le marché immobilier grimpe. »

proposé mais aussi de la clientèle à qui il s'adresse. Cette alliance recherchée par ces établissements entre des caractéristiques profondément locales et une culture à vocation globale correspond parfaitement à la définition donnée par la littérature des « gentrifieurs ». C'est-à-dire une population plutôt aisée, à la recherche d'un idéal d'authenticité et d'exotisme conférés par des espaces « traditionnels », et à la fois ouverte sur le monde de la culture et des communications.

TROISIEME PARTIE

LA GEOGRAPHIE HISTORIQUE DES COMMUNAUTES IMMIGREES DANS LE CENTRE HISTORIQUE

1. PROBLEMATIQUE ET STRUCTURE DE L'ETUDE

1.1. LA PROBLEMATIQUE DE L'ELOIGNEMENT DES COMMUNAUTES IMMIGREES DU AU PROCESSUS DE GENTRIFICATION DU CENTRE HISTORIQUE

Ce travail s'attache à observer les conséquences du développement du processus de gentrification sur la localisation des communautés immigrées dans le centre historique. Pour appréhender les problématiques principales évoquées dans cette étude, je désire citer une phrase de Leoluca Orlando prononcée durant un entretien avec une étudiante palermitaine : « *Il centro storico è salvato dagli immigrati extracomunitari, è un paradosso ma è così. La presenza di immigrati extracomunitari sta innaturalmente, e soprattutto con costi umani loro altissimi, salvando il centro storico di Palermo. Perché alla fine è la presenza di questa umanità sofferente, disagiata, complessa ai limiti della carità che mantiene una condizione di centro storico che non è da villa in serie o da case in serie tutte abitate dalla stessa tipologia di persone.* »[78] . Le discours tenu par l'ancien maire me semble particulièrement révélateur de deux types de représentations émanant des autorités, des médias et des palermitains en général à l'égard des communautés immigrées présentes dans le centre historique de Palerme. D'abord, l'idée selon laquelle les minorités ethniques, à travers la résidence et les activités commerciales menées dans cette partie de la ville ont grandement contribué à revitaliser le centre historique. Ensuite, la tendance à considérer les migrants comme des individus sans ressources économiques et vivant dans une extrême misère.

En considérant ces deux types de représentations, il est possible d'émettre l'hypothèse selon laquelle les communautés immigrées, celles-là même qui ont contribué à la revitalisation du centre historique par le truchement des activités menées à l'intérieur de cet espace, seront fatalement éloignées de ce quartier par le développement du processus de gentrification. Ainsi, de nombreux discours parus dans la presse ou relevés dans les entretiens semi-directifs que j'ai effectués prédisent précisément cette issue. Cité dans *La Repubblica*, le doyen de la faculté de langue et littérature grecque Salvatore Nicosia s'exprimait à ce sujet au congrès intitulé « *Modelli di cooperazione per uno sviluppo sostenibile dell'area del Mediterraneo* » tenu en novembre 2005. Pour lui, le processus de réhabilitation du centre historique entraînera un phénomène irréversible d'éloignement des migrants : « *Da tuguri a case civili, gli appartamenti della città vecchia non faranno più per gli immigrati. Il processo è lento ma irreversibile. Dal centro storico avviato alla strada del risanamento gli stranieri sono destinati ad essere esclusi. E una questione di costi troppo alti.* »[79] (Salvatore Nicosia cité par Adriana Falsone, *La Repubblica*, édition de Palerme, 1 décembre 2005). L'hypothèse émise par Salvatore Nicosia est basée sur deux présupposés : tout d'abord, la hausse des prix des habitations qu'implique les politiques de réhabilitation du centre historique et qui correspond au développement du processus de gentrification décrit dans le chapitre précédent. Ensuite, le présupposé selon lequel les communautés immigrées ne disposent pas des ressources économiques nécessaires pour « résister » au processus de gentrification marqué par

---

[78] « Le centre historique est sauvé par les immigrés extracommunautaires, c'est un paradoxe mais c'est ainsi. La présence d'immigrés extracommunautaires, dans un processus contre nature, et avec des coûts humains considérables, est en train de sauver le centre historique de Palerme. Parce qu'au bout du compte, c'est la présence de cette humanité souffrante, indigente, complexe à la limite de la charité, qui maintient une condition de centre historique qui n'est pas celle de villas en série ou de maisons en série toutes habitées par la même typologie de personnes. »

[79] « Des taudis aux maisons civiles, les appartements de la vieille ville ne conviendront plus aux immigrés. Le processus est lent mais irréversible. Du centre historique en voie de réhabilitation, les étrangers sont destinés à être exclus. C'est une question de coûts trop élevés. »

l'augmentation de la valeur immobilière des édifices situés dans le centre historique. Cette conception est partagée par certains de mes interlocuteurs, à l'image de Teresa Cannarozzo, qui considère que la politique libérale menée par l'administration Cammarata en matière de requalification du centre historique contribuera à écarter les catégories de personnes les plus vulnérables, parmi lesquelles les migrants occupent une place importante. A ses yeux, cette hypothèse est fondée sur des arguments pertinents : « *è un ipotesi fondata, perché siccome il processo di recupero è in atto, e già si è creato un mercato immobiliare e già si è alzato il costo delle abitazioni e quindi già questo processo di gentrification è in atto... e siccome il Comune non fa nessuna politica abitativa chiara, quindi né a favore degli italiani, palermitani, né a favore degli immigrati, ma il mercato è lasciato libero quindi per certi liberi di comprare, di cacciare, di restaurare, è chiaro che le categorie meno garantite che sono la gente meno abbienti e gli immigrati saranno fatalmente allontanate.* »[80].

1.2. STRUCTURE DE LA RECHERCHE

La description du phénomène de l'immigration dans le centre historique de Palerme doit être mise en parallèle avec le processus de gentrification décrit dans le chapitre précédent. Le type de discours présenté ci-dessus constitue une hypothèse de base de cette recherche, qui vise dans un premier temps à vérifier sa pertinence en s'attachant à l'analyse des données fournies par *l'Ufficio statistica del Comune* pour appréhender la présence des migrants dans le centre historique et évaluer son évolution durant ces cinq dernières années. Cette première phase du travail revêt un aspect général, puisque le centre historique est appréhendé dans son ensemble et aucune distinction à l'intérieur des communautés immigrées n'est effectuée.

La deuxième partie de cette recherche aborde de façon plus spécifique deux composantes de l'étude : l'évolution de la présence des différentes communautés immigrées dans le centre historique sur une période allant de 1999 à 2005 et les principaux pôles de localisation des minorités ethniques. Cette recherche documentaire permet de livrer une géographie des communautés immigrées dans le centre historique dans une perspective évolutive, le but étant d'identifier des lieux qui présentent une relation particulière entre les deux phénomènes. Les trajectoires migratoires, les modalités d'installation des migrants, leurs activités, leur intégration dans la société palermitaine complètent cette recherche qui se veut avant tout descriptive. Le but étant d'obtenir un tableau de la présence des migrants dans le centre historique et de le superposer à la description du processus de gentrification que j'ai effectuée dans le chapitre précédent.

Les questions qui guident cette partie du travail sont les suivantes :

- Quel est le nombre de ressortissants étrangers dans le centre historique ?
- Quelles sont les communautés principales ?
- Quelle est l'évolution du nombre de migrants dans le centre historique ?
- Quelle est cette évolution à l'intérieur des différents quartiers du centre historique ?

---

[80] « C'est une hypothèse fondée, parce que comme le processus de requalification est en cours, il s'est déjà créé un marché immobilier et le coût des habitations a déjà augmenté et donc ce processus de gentrification est en cours... Et comme la Commune ne fait aucune politique claire de logement, donc ni en faveur des italiens, palermitains, ni en faveur des immigrés, mais le marché est laissé libre pour certains d'acheter, de chasser, de restaurer, c'est clair que les catégories les plus vulnérables que sont les personnes moins aisées et les immigrés seront fatalement éloignées. »

2. L'EVOLUTION DE LA PRESENCE DES COMMUNAUTES IMMIGREES DANS LE CENTRE HISTORIQUE : ASPECTS GENERAUX

2.1. LA CONCENTRATION DES COMMUNAUTES IMMIGREES DANS LE CENTRE HISTORIQUE

Au début des années 80, Caldo relevait déjà la présence des communautés immigrées dans le centre historique dégradé de Palerme : « *A Palermo, molti immigrati occupano silenziosamente i vecchi appartamenti dei palazzi cadenti del centro storico* » (Caldo in Gentileschi, 2005 : 53). Le caractère dégradé de cette zone lorsque les premiers migrants sont arrivés (à la fin des années 70) a contribué à vider progressivement le centre historique de ses habitants. Les migrants se sont donc naturellement installés dans ces quartiers abandonnés par le reste de la population dans lesquels les loyers étaient particulièrement bas. La concentration des résidents étrangers dans le centre historique est un fait qui remonte à la période durant laquelle l'incurie mafieuse avait provoqué l'abandon presque total de cette partie de la ville. Mais alors que le processus de réhabilitation du centre historique est en œuvre depuis une quinzaine d'années, cette constatation est-elle toujours pertinente aujourd'hui ?

La dimension récente de l'immigration à Palerme implique un nombre réduit des ressortissants étrangers dans la ville, confirmée par des recherches conduites en 1994, qui estiment leur nombre à 12000 individus dans l'ensemble de la ville (Lo Piccolo, 2003 : 202). Néanmoins, leur nombre n'a cessé de croître durant ces quinze dernières années et les chiffres publiés par *l'Ufficio statistica del Comune* relèvent le chiffre de 20795 étrangers régularisés en 2005, ce qui représente à la fois un accroissement important de leur présence, mais aussi un nombre relativement peu élevé au regard de l'ensemble des habitants palermitains, puisqu'ils ne constituent que 3 % de la population totale. En revanche, la situation est très différente si l'attention est portée uniquement sur le centre historique. Le tableau présenté ci-dessous permet d'appréhender la concentration des communautés immigrées dans ce lieu pour l'année 2005. Le nombre total des résidents étrangers dans la ville de Palerme s'élevait à 20795 personnes et 27 % d'entre eux résidaient dans le centre historique. Ce chiffre est considérable s'il est comparé aux 3,82 % que représente la population résidant dans le périmètre du centre historique par rapport à la population totale de la ville de Palerme. La confrontation entre la population immigrée et la totalité des résidents est très instructive, car elle fait apparaître une grande différence entre la ville de Palerme dans sa totalité et le centre historique. En effet, la proportion de résidents étrangers à l'échelle de la ville reste marginale si elle est comparée à d'autres réalités urbaines en Italie ou en Europe puisqu'elle s'élève à 2,91%. Par contre, cette proportion est très importante dans le centre historique, puisque 20,5 % de la population résidente est d'origine étrangère. Ces données permettent donc d'apprécier l'ampleur de la concentration des communautés immigrées dans le centre historique, qui reste une réalité bien présente du phénomène migratoire dans la ville de Palerme.

Tableau 3.1.: Proportion de la population étrangère à Palerme et dans le centre historique en 2005

	Nombre total de résidents	Résidents étrangers	Valeur en %
Ville de Palerme	713958	20795	2,91 %
Centre historique	27295	5616	20,5 %
Valeurs en %	3,82 %	27 %	

Source : Ufficio statistica, dati elaborati dall'Anagrafe, 2005

2.2. L'EVOLUTION DE LA PRESENCE DES MIGRANTS DANS LE CENTRE HISTORIQUE

Bien que nous ne disposions pas de chiffres précis sur la présence des communautés immigrées pour les années 90, il est en revanche possible de constater l'augmentation du nombre de migrants dans le centre historique entre 2001 et 2005. Le tableau 3.2. permet d'observer un fort accroissement de la présence des migrants entre 2002 et 2003, puis un ralentissement de cette croissance depuis l'année 2003. La forte augmentation observée entre les années 2002 et 2003 est en partie due aux opérations de régularisation préconisées par la loi Bossi-Fini, adoptée en 2002, qui a contribué à l'augmentation du nombre d'étrangers régularisés à l'échelle nationale. Quant au léger fléchissement de la croissance des résidents étrangers depuis 2003, cette tendance est comparable à l'évolution que connaît l'ensemble de la ville de Palerme, qui a vu l'accroissement du nombre de résidents étrangers ralentir sensiblement, passant de 20359 à 20795 individus.

Tableau 3.2. : Evolution de la présence des migrants dans le centre historique entre 2001 et 2005

	2001	2002	2003	2004	2005
Nombre total de résidents étrangers dans le centre historique	4599	4818	5505	5558	5616

Source : Ufficio statistica, dati elaborati dall'Anagrafe, 2005

Les données fournies par l'Ufficio statistica del Comune permettent d'observer deux aspects de l'évolution de la présence des migrants dans le centre historique durant ces dernières années. D'une part, les communautés immigrées sont encore largement concentrées dans cette partie de la ville, et d'autre part, le nombre de résidents étrangers dans le centre historique continue d'augmenter, même si cette croissance n'est pas uniforme. Ces premières observations tendent donc à infirmer l'hypothèse d'un éloignement des communautés immigrées comme conséquence directe de la réhabilitation du centre historique et du développement du processus de gentrification.

Cependant, ces données possèdent un caractère général et tendent à appréhender la présence des communautés immigrées dans le centre historique de Palerme comme un phénomène homogène, alors qu'il se caractérise par une extrême hétérogénéité. Cette dimension hétérogène se manifeste principalement à deux niveaux :

- Tout d'abord, à l'intérieur des minorités ethniques. Chaque communauté se distingue en effet par son histoire migratoire, par ses modalités d'installation dans le centre historique, par son degré d'intégration et par la constitution de différents réseaux.

- Ensuite, au niveau de la distribution spatiale. Le centre historique de Palerme est un vaste périmètre et les communautés immigrées ne se dispersent pas de manière uniforme sur ce territoire.

Ce sont ces deux aspects qui vont constituer les objets principaux du prochain chapitre, à l'intérieur duquel je propose de me pencher d'abord sur l'évolution de la présence des communautés les plus importantes et d'effectuer ensuite une géographie historique des minorités ethniques afin d'identifier les lieux qui connaissent une évolution différente de la tendance générale observée ci-dessus.

3. EVOLUTION DE LA PRESENCE DES PRINCIPALES COMMUNAUTES IMMIGREES

3.1. LES PRINCIPALES COMMUNAUTES IMMIGREES DANS LE CENTRE HISTORIQUE ET LEUR EVOLUTION

3.1.1. Des migrants aux ressources économiques limitées

Les migrants présents dans la ville de Palerme et dans son centre historique proviennent principalement d'Etats connaissant une forte pression migratoire pour des raisons essentiellement économiques. La distribution des populations immigrées en fonction de leurs aires d'origine permet de constater cette réalité. En ce qui concerne le centre historique, le tableau présenté ci-dessous permet d'observer les faits suivants :

- Plus de 90 % des migrants sont originaires de pays extra-européens. A ce titre, il est intéressant de constater que le terme « *extracomunitari* » est pratiquement toujours utilisé pour parler des migrants à Palerme.

- La grande majorité des migrants présents dans le centre historique provient soit d'Asie, soit d'Afrique du Nord ou d'Afrique subsaharienne. Les étrangers provenant de ces trois zones représentent le 90 % de la totalité des immigrés.

Tableau 3.3 : Principales aires d'origine des migrants résidant dans le centre historique (2005)

	Valeur absolue	Valeur en %
Union Européenne (15 pays)	254	4,5 %
Reste de l'Europe	244	4,3 %
Afrique du Nord	1128	20,1 %
Afrique subsaharienne	1262	22,6 %
Asie occidentale	40	0,7 %
Asie du Sud Est	2586	46,0 %
Amérique du Nord	9	0,1 %
Amérique du Sud	86	1,6 %
Océanie	7	0,1%
Total	5616	100,0 %

Source : Centro interculturale « I colori del mondo », Analisi demografica dei soggetti migranti nel Comune di Palermo (2005)

Les migrants présents dans le centre historique proviennent dans leur grande majorité d'aires géographiques connaissant des difficultés économiques, et cette thématique est récurrente dans les discours politiques, médiatiques ou dans les récits de mes interlocuteurs. Mais il serait erroné de considérer l'ensemble de ces populations comme une masse de personnes désespérées et sans ressource. Ce lieu commun, pourtant présent dans de nombreux discours politiques et médiatiques, tend à écarter un aspect fondamental de la réalité migratoire internationale et un élément important du contexte migratoire local.

D'abord, ce postulat reviendrait à omettre que la migration vers l'Occident ne reflète généralement pas la fuite des situations les plus désastreuses de misère ou de famine, comme le relève Castles : « *Dans les régions extrêmement pauvres, il arrive que l'émigration soit rare parce que les habitants ne possèdent ni les ressources financières nécessaires pour le voyage, ni les ressources culturelles qui leur permettraient de savoir qu'il existe des possibilités ailleurs, ni les ressources sociales, c'est-à-dire le réseau d'entraide indispensable.* »(Castles in Bardonnet, 2003 : 11). Ainsi, les migrants présents dans le centre historique de Palerme, bien que provenant de pays connaissant des difficultés économiques, ne peuvent pas être considérés comme des individus sans ressources, qu'elles soient financières, culturelles et sociales.

Ensuite, ce serait oublier la diversité et la complexité des trajectoires migratoires qui caractérisent les différentes communautés présentes dans le centre historique de Palerme, comme le souligne Francesco Lo Piccolo : « *Un ulteriore elemento di complessità è dovuto al carattere estremamamente differenziato della presenza straniera a Palermo, in ragione della diversità di tempi e modalità di immigrazione e insediamento, della elevata mobilità di molti immigrati.* » (Lo Piccolo, 2003 : 202).

Compte tenu de cette situation, je propose de me pencher sur l'évolution de la présence de chacune des principales communautés immigrées dans le centre historique de Palerme en avançant certains facteurs explicatifs de cette évolution.

3.1.2. Les principales communautés immigrées et l'évolution de leur présence

Le tableau présenté ci-dessous tient compte des principales communautés immigrées présentes dans le centre historique et décrit l'évolution de leur nombre pour les années 1999, 2001 et 2005. Le tableau 3.4. permet d'observer l'augmentation générale du nombre de migrants dans le centre historique déjà évoquée auparavant. Mais ces données laissent transparaître une réalité qui mérite d'être relevée dans le cadre de cette recherche. Il s'agit de la présence toujours plus importante des migrants en provenance du Bangladesh et de Chine. Alors que le nombre d'individus issus des autres communautés immigrées reste stable ou tend à diminuer, l'augmentation de la présence des migrants dans le centre historique semble due principalement à l'installation croissante des ressortissants bangladeshis et chinois.

Tableau 3.4.: Principaux pays d'origine des migrants du centre historique et évolution du nombre d'individus

Pays d'origine	Nombre en 1999	Nombre en 2001	Nombre en 2005
Bangladesh	600	892	1503
Chine	44	59	254
Côte d'Ivoire	156	101	140
Ghana	476	402	395
Ile Maurice	494	429	427
Maroc	308	306	290
Sri Lanka	586	678	627
Tunisie	769	748	736

Source : Ufficio statistica, dati elaborati dall'Anagrafe, 1999, 2001 et 2005

D'une manière générale, il est possible de constater que ce sont les communautés les plus récemment arrivées qui voient leur nombre s'accroître. Le tableau 3.5. permet de relever la durée moyenne de la présence des différentes communautés dans la ville de Palerme. Ces données font clairement apparaître la dimension récente de la migration des Chinois et des Bangladeshis si elle est comparée à la présence des autres communautés.

Tableau 3.5. Distribution de la période moyenne de présence des principales communautés à Palerme (2005)

Pays de provenance	Durée moyenne de la présence à Palerme (en années)
Ile Maurice	10,0
Maroc	8,6
Yougoslavie	9,8
Ghana	7,1
Côte d'Ivoire	4,3
Sri Lanka	8,3
Chine	3,5
Bangladesh	4,8
Tunisie	11,4

Source : Analisi demografica dei soggetti migranti nel Comune di Palermo, Centro interculturale « I colori del mondo, 2005

Au regard de ces différents chiffres, il est possible d'observer à quel point le centre historique dans son ensemble constitue encore la porte d'entrée principale pour l'arrivée des communautés immigrées les plus récentes. Comme le tableau 3.6. permet de le constater, la concentration des structures d'accueil et des services fournis aux communautés immigrées dans cette partie de la ville et dans la circonscription adjacente (la huitième) permet en partie d'expliquer cette situation. Il faut relever que les circonscriptions 4 et 5, tout comme la 8, sont sont toutes accolées à la circonscription 1, ce qui permet d'affirmer l'importance du centre ville de Palerme comme pôle d'attraction des migrants.

Tableau 3.6. Nombre de structures d'accueil et de services destinés aux migrants par circonscription

Circonscriptions	Nombre de structures d'accueil et de services destinés aux migrants
1 (centre historique)	26
2	3
3	4
4	12
5	13
6	3
7	1
8 Politeama/Libertà	25

Source : Osservatorio sulla condizione sociale della città (2005)

Karen Basile, responsable de *l'UIL Immigrazione*, évoque l'attrait permanent des migrants à l'égard du centre historique: « *E la gente immigrata continua ad abitare nel centro storico, perché gli appartamenti costano poco, perché accanto hanno le loro botteghe, accanto hanno le lore moschee, è la loro « city », dove ci sono tutti i loro interessi, sia economici, sia religiosi, sia di socialità.* »[81] .

Par ailleurs, les communautés chinoise et bangladeshi sont particulièrement présentes dans le secteur des activités commerciales. La *Via Maqueda*, la principale rue marchande du centre historique compte ainsi une vingtaine de magasins tenus par des ressortissants du Bangladesh. Les membres de cette communauté sont particulièrement actifs dans le secteur des centres de téléphonie internationale et ils ont su profiter d'une forte demande dans ce domaine pour se lancer dans l'entreprenariat. En l'espace de quelques années, la communauté bangladeshi est ainsi devenue la plus active à Palerme dans le domaine des activités commerciales en terme de nombres de commerces tenus par ses ressortissants. Une enquête menée par la *Cna* en 2006 et relayée par le quotidien de *La Repubblica* confirme cette situation : « *La comunità più attiva a Palermo è però quella del Bangladesh con 314 imprese* » (*La Repubblica*, édition de Palerme, 4/9/06).

La communauté chinoise est quant à elle particulièrement active dans le secteur de la vente d'habillement, de bijouterie et dans la restauration. Les commerces chinois présentent une situation de concentration des activités peu commune en comparaison des autres communautés. Je me penche plus spécifiquement sur cette situation dans le chapitre consacré aux études de cas, mais il me semble important de relever cette présence massive des communautés chinoise et bangladeshi dans le secteur des activités commerciales car elle révèle deux composantes essentielles de la présence des communautés immigrées dans le centre historique :

- Tout d'abord, elle permet de constater que les communautés du centre historique possèdent des caractéristiques très différentes et qu'elles ne peuvent être considérées comme des populations sans ressources, qu'elles soient financières, sociales ou culturelles.

- Ensuite, elle représente un élément important de la transformation des espaces du centre historique. Elle apporte des modifications physiques au niveau du bâti et contribue à la création de nouveaux réseaux économiques, sociaux et culturels.

3.2. POLES DE LOCALISATION DES COMMUNAUTES IMMIGREES

3.2.1. Vers une recherche affinée à l'intérieur des quartiers

Si l'étude permet de constater une augmentation constante des résidents étrangers dans le centre historique, certaines disparités peuvent être observées à l'échelle des *mandamenti*. Le tableau présenté ci-dessous expose l'évolution du nombre total des migrants dans les quatre principaux quartiers du centre historique pour les années 2001 et 2005. Il permet d'observer des inégalités claires à l'échelle des quartiers : si le nombre total de migrants augmente de manière sensible dans les quartiers de *Castellamare* et *Monte di Pietà*, il est en nette augmentation dans les quartiers *Tribunali* et *Palazzo Reale* (plus de 30 % d'augmentation). Il est intéressant de se pencher sur les raisons qui permettent d'expliquer ces disparités spatiales, car les deux quartiers qui présentent la plus forte augmentation du nombre de résidents étrangers possèdent des caractéristiques très différentes.

---

[81] « Et les immigrés continuent d'habiter dans le centre historique, parce que les appartements ne coûtent pas cher, parce qu'ils ont leurs magasins tout près, ils ont leurs mosquées, c'est leur « city », où il y a tous leurs intérêts, qu'ils soient économiques, religieux ou sociaux. »

Tableau 3.6. : évolution du nombre total de migrants en fonction du quartier de résidence

Quartiers	Nombre total de migrants 2001	Nombre total de migrants 2005	Variation en %
Tribunali/Kalsa	1147	1529	+ 33 %
Castellamare	1028	1092	+ 6 %
Monte di Pietà	1053	1180	+ 12 %
Palazzo Reale	1371	1815	+ 32 %

Source : Ufficio statistica, dati elaborati dall'Anagrafe, 2001 et 2005

Le *Mandamento Palazzo Reale* est considéré par de nombreux interlocuteurs comme le lieu où les minorités ethniques sont les plus visibles. Cette situation est due principalement à la présence du centre d'accueil pour les migrants *Santa Chiara* (voir carte 1.3. : principaux lieux évoqués dans l'étude) ouvert durant les années 90 sous l'impulsion de *Don Meli*. Cette église a rempli dès son ouverture de nombreuses fonctions pour les migrants présents à Palerme : il abrite notamment un dispensaire fréquenté par plus d'un millier de personnes par année, une consigne, un dortoir, un guichet d'information s'occupant de gérer diverses questions administratives, des salles pour des cours d'alphabétisation et d'italien, un groupe sportif et une crèche. Au delà de toutes ces fonctions, le centre *Santa Chiara* représente un pôle d'attraction très important pour les migrants du centre historique de Palerme et il est devenu un lieu symbolique des échanges entre les communautés immigrées et les habitants du quartier. Salvatore Cavalleri, responsable d'un centre social qui accueille des requérants d'asile, explique le rôle que cette institution a joué dans les contacts entre migrants et habitants. « *All'inizio, per tutti gli anni novanta, a partire da un luogo che è il simbolo dalle comunità che è stata la parocchia di Santa Chiara, per tutti gli anni in cui Don Meli è stato presente, è stato un luogo simbolo di una città dell'incontro. [...] Queste persone* [les migrants]*, non avendo nessun posto dove andare, l'unica persona che si propone di dare accoglienza a questi giovani dell'Africa è Padre Meli a Santa Chiara. E da lì nasce l'esperienza di accoglienza degli immigrati a Santa Chiara. E quella piazza diventa un luogo simbolo dell'incontro, incominciano ad aprirsi nuovi baretti ecc.* »[82]. Ce lieu symbolique de l'échange interculturel a aussi contribué à transformer les espaces alentours, d'une part parce que de nombreux migrants résident dans ce quartier, et d'autre part parce que la résidence de ces minorités ethniques a été accompagnée par différentes activités commerciales, surtout dans le domaine de la restauration, le commerce alimentaire et la communication (les petites entreprises gérant la téléphonie internationale). Une étude réalisée par des étudiants en architecture en 2001 (Barbagallo, Amenta et Mirone, 2001) fait clairement apparaître une concentration des activités commerciales gérées par les migrants dans la zone de *Santa Chiara*. Par ailleurs, nombreux sont les témoignages qui font état d'une forte insertion des activités commerciales gérées par les migrants dans le marché historique de *Ballarò*, qui se situe à proximité de l'église (voir carte 1.3. : principaux lieux évoqués dans l'étude). Reda Berradi, médiateur culturel durant la période de l'administration Orlando, évoque aussi bien la présence du centre d'accueil de *Santa Chiara* que l'insertion des communautés immigrées

---

[82] « Au début, pendant toutes les années 90, à partir d'un lieu qui est le symbole des communautés et qui est l'église de *Santa Chiara*, pendant toutes les années durant lesquelles *Don Meli* était présent, ça a été un lieu symbole d'une ville de la rencontre. Ces personnes [*les migrants*], n'ayant aucun endroit où aller, la seule personne qui se propose d'accueillir ces jeunes d'Afrique est *Padre Meli* a *Santa Chiara*. Et de là naît l'expérience d'accueil des immigrés à *Santa Chiara*. Et cette place devient un lieu symbole de la rencontre, des nouveaux bars commencent à s'ouvrir, etc. »

dans le marché pour expliquer les raisons de cette présence forte des minorités ethniques dans ce quartier : « *Ora se tu vedi Ballarò, che è il quartiere forte dell'immigrazione, con un incidenza maggiore, è dovuto al fatto che intorno a questo quartiere si è creata una forma di economia di comunità perché gli immigrati si sono inseriti nel mercato di Ballarò e anche perché c'è il centro d'accoglienza Santa Chiara e gli stessi stranieri, specialmente quelli del Centro Africa hanno fatto delle attività commerciali* »[83]. Le *Mandamento Palazzo Reale* se caractérise donc par une forte augmentation de la présence des migrants pour les raisons évoquées ci-dessus, mais il n'est pas le théâtre d'un développement important du processus de gentrification. C'est pourquoi j'ai choisi de me pencher plus spécifiquement sur le *Mandamento Tribunali*, c'est-à-dire le quartier de la *Kalsa*, qui connaît aussi un fort accroissement de la présence des communautés immigrées et qui voit se développer parallèlement un processus de gentrification caractérisé par une politique de revalorisation territoriale importante et par une nette augmentation de la valeur immobilière.

3.2.2. Evolution de la présence des migrants dans le *Mandamento Tribunali*

Parallèlement au développement du processus de gentrification dans le quartier de la *Kalsa*, la présence des communautés immigrées tend à augmenter. Cependant, des différences apparaissent si l'on considère des zones spécifiques du quartier. Pour étudier ces disparités, j'ai choisi de diviser le *Mandamento Tribunali* en trois grandes zones que j'ai nommée en fonction des rues et des places qui les délimitent : celle de *Piazza Marina*, celle de *Via Lincoln* et environs et celle délimitée par *Via Maqueda* à l'ouest et la *Via Roma* à l'est. Cette division a été effectuée d'après mes propres observations et correpondent à des différences de morphologie et de pratiques dans les trois lieux étudiés. La zone de *Piazza Marina* se caractérise par sa proximité avec la mer, par un grand nombre de bâtiments à forte valeur patrimoniale et par des activités de « loisirs » (nombreux restaurants, galeries d'art). La zone de *Via Lincoln* est marquée par sa proximité avec la gare, par la présence de cette rue très fréquentée par les automobilistes, par un grand nombre de commerces de détail et par la présence de la *Piazza Magione*, où un grand nombre de fêtards se retrouvent durant les soirées estivales. Enfin, la zone de la *Via Roma* est beaucoup plus éloignée de la côte et se caractérise par un intense trafic d'automobilistes et par la présence de très nombreux commerces de détail. Je rappelle ici que la distribution spatiale effectuée pour ces trois secteurs correspond à un choix de délimitation qui est de ma responsabilité, et que les résultats auraient été différents si j'avais élargi ou restreint les périmètres étudiés.

Le tableau 3.7. présente l'évolution du nombre des migrants entre 2001 et 2005 pour les trois zones sélectionnées. Les données présentées laissent apparaître des grandes différences entre les quartiers choisis. Le tableau présenté permet d'observer que le nombre de résidents étrangers a diminué de manière significative (- 32 %) entre 2001 et 2005 dans le secteur de *Piazza Marina*. Parallèlement à cette évolution, le nombre de migrants augmente dans les deux autres zones sélectionnées, et cet accroissement est particulièrement marqué dans la zone de *Via Lincoln* et de ses environs (+ 77 %). Il est cependant important de préciser ici que les effectifs réduits de résidents étrangers incitent à nuancer un peu le propos car ils conduisent à des variations énormes en termes relatifs.

---

[83] « Si tu regardes *Ballarò*, qui est le quartier fort de l'immigration, ceci est dû au fait qu'autour de ce quartier une forme d'économie de communautés s'est créée parce que les immigrés se sont insérés dans le marché de Ballarò et aussi parce qu'il y a le centre d'accueil *Santa Chiara*. Et les étrangers, spécialement ceux provenant d'Afrique centrale, ont mené des activités commerciales. »

Tableau 4.1. : évolution comparée du nombre de résidents étrangers dans les quartiers de Piazza Marina, Via Lincoln et la portion entre Via Maqueda et Via Roma entre 2001 et 2005.

	Total 2001	Total 2005	Variation en %
Piazza Marina	212	145	- 32 %
Via Lincoln et environs	293	521	+ 77 %
Portion entre Via Maqueda et Via Roma	505	614	+ 21 %

Source : Ufficio statistica, dati elaborati dall'Anagrafe, 2001 et 2005

La présente recherche s'attache à définir les relations qui existent entre le développement du processus de gentrification et les communautés immigrées. L'étude consacrée au développement du processus de gentrification proposée dans le chapitre 2 a permis de relever l'apparition du phénomène dans le quartier de la *Kalsa*, qui est délimité par le *Corso Vittorio Emanuele* au Nord, par la *Via Roma* à l'ouest, la *Via Lincoln* au sud et le *Foro Umberto I* à l'est. Cette partie du *Mandamento Tribunali* ne comprend donc pas le secteur compris entre la *Via Roma* et la *Via Maqueda* dont j'ai présenté les données dans le tableau 3.7., qui ne voit pas se développer le processus de gentrification de façon comparable à celui que connaît le quartier de la *Kalsa*. C'est pourquoi je choisis de me pencher plus particulièrement sur les secteurs de *Piazza Marina* et de *Via Lincoln* qui sont tous les deux situés dans un quartier en voie de gentrification mais qui présentent des évolutions opposées en ce qui concerne l'évolution de la présence des communautés immigrées.

A travers deux études de cas spécifiquement consacrées à ces deux secteurs, je tente de comprendre les raisons permettant d'expliquer ces évolutions opposées et d'appréhender de façon plus détaillées les relations qui existent entre le développement du processus de gentrification et les communautés immigrées présentes dans ces deux quartiers.

QUATRIEME PARTIE

RESULTATS : PRESENTATION DE DEUX ETUDES DE CAS

1. INTRODUCTION

1.1. L'IDENTIFICATION DE LIEUX PRIVILEGIES

La superposition des études descriptives consacrées au développement du processus de gentrification et à la géographie historique des communautés immigrées dans le centre historique permet d'identifier certaines zones présentant des relations particulières entre les deux phénomènes.

Le quartier de la *Kalsa* apparaît comme la zone connaissant un développement marqué du processus de gentrification. Le phénomène trouve ses origines dans la politique menée par l'administration Cammarata, qui a privilégié ce quartier du centre historique pour ce qui concerne la réhabilitation du bâti et la revalorisation territoriale au sens large du terme, grâce notamment à l'organisation d'événements culturels comme le festival *Kals'Art*. Ce choix politique s'est traduit par une augmentation de la valeur immobilière des édifices situés dans ce quartier et par une transformation de la composition sociale des habitants. Les prix des immeubles du quartier de la *Kalsa* ont augmenté de manière plus significative que ceux du centre historique dans son ensemble et l'administration communale se félicite de l'attractivité qu'exerce le quartier sur les couches aisées de la population, qui investissent massivement dans ce secteur. Parallèlement au développement de ce processus, de nouveaux lieux sont nés à l'intérieur de la *Kalsa*, principalement dans le secteur de la culture et des loisirs (galeries d'art, restaurants, *wine bars*) et représentent une composante essentielle du processus de gentrification, parce qu'ils font partie de ce que David Ley nomme les « *cultural amenities* » (Ley, 2003), qui attirent les classes moyennes et supérieures vers le centre ville. Le quartier de la *Kalsa* se trouve donc logiquement au centre de cette étude qui traite des rapports entre gentrification et les communautés immigrées.

La géographie historique des communautés immigrées a permis de décrire certaines caractéristiques de l'immigration à Palerme. La concentration des migrants dans le centre historique et l'aspect relativement pauvre des ressortissants étrangers en sont des composantes fondamentales. Parallèlement au processus de réhabilitation du centre historique, il est essentiel de relever que le nombre de migrants augmente dans cette zone de la ville, même si ce processus n'est pas uniforme à l'échelle des différents quartiers : les *Mandamenti Palazzo Reale* et *Tribunali-Kalsa* connaissent en effet une augmentation plus importante du nombre de migrants que les autres quartiers. L'élévation du nombre de résidents étrangers est caractérisée par une présence toujours plus importante de minorités asiatiques, surtout en provenance du Bangladesh, du Sri Lanka et de Chine. Une approche affinée à l'intérieur du quartier de la *Kalsa* a permis de constater de grandes disparités quant à l'évolution de la présence des communautés immigrées. Je propose donc dans ce chapitre de décrire certains processus en œuvre dans deux quartiers qui connaissent des évolutions similaires pour ce qui est du développement du processus de gentrification, mais qui connaissent parallèlement une évolution opposée en ce qui concerne la présence des migrants.

1.2. VERS UNE TYPOLOGIE DES RELATIONS

Dans cette partie du travail, je présente deux études de cas, à l'intérieur desquelles les relations entre le développement d'un processus de gentrification et l'installation des communautés immigrées présentent des caractéristiques très différentes. Les deux cas sont inscrits dans des lieux que j'ai moi-même délimités à l'intérieur du quartier gentrifié de la

Kalsa : la zone de Piazza Marina au Nord et le secteur de la Via Lincoln au Sud (voir carte 4.1 : Piazza Marina et Via Lincoln et environs). La zone de Piazza Marina se caractérise par une diminution de la présence des migrants alors que la zone de Via Lincoln présente une augmentation de la présence des résidents étrangers et un accroissement des commerces tenus par les migrants. Le but de cette recherche est de tenter de comprendre les facteurs qui permettent d'expliquer ces différences. L'hypothèse centrale de ce travail étant que le processus de gentrification ne mène pas automatiquement à l'éloignement des communautés immigrées, je présente à travers ces études de cas deux types de relations en essayant d'identifier les facteurs qui mènent à un cas de figure plutôt qu'à un autre. Le système d'hypothèses mis en place dans la partie introductive postulait que le degré de cohésion à l'intérieur d'une communauté, le degré d'intégration à l'intérieur de la société palermitaine, les projets individuels à l'égard de la ville de Palerme et les politiques publiques de requalification du centre historique mises en place pouvaient être des facteurs importants dans l'apparition des différents types de relation. Grâce à ces deux études de cas, je me propose de vérifier la pertinence de ces hypothèses.

2. PIAZZA MARINA : ELOIGNEMENT PROGRESSIF DES COMMUNAUTES IMMIGREES

2.1. PIAZZA MARINA : ELEMENTS DE CONTEXTE

Il n'existe pas de consensus pour permettre de délimiter clairement la zone de Piazza Marina, c'est pourquoi je propose de définir un périmètre d'étude en fonction de la continuité du bâti et des représentations de certains de mes interlocuteurs. Je choisis de délimiter le périmètre formé par le *Corso Vittorio Emanuele* au nord, le *Foro Umberto I* à l'est, la *Via Alessandro Paternostro* à l'ouest et par la *Via Lungarini* au sud (voir carte 4.2 : Piazza Marina). En son centre, la Piazza Marina abrite le jardin Garibaldi et Villa Garibaldi, œuvre de Giovan Battista Filippo Basile. Le parc est réputé parce qu'il compte parmi les plus grandes espèces de *Ficus Magnolioides* d'Italie. La place et les environs se distinguent par la présence de nombreux palais, qui appartiennent pour la plupart à la Commune de Palerme ou à la *Regione Siciliana*. Pour ne citer que les plus célèbres, on peut évoquer le *Palazzo Steri*, qui abritait autrefois le siège du *Tribunale dell'Inquisizione* et est aujourd'hui le siège du Rectorat universitaire, le *Palazzo Mirto*, qui abrite un important musée régional, et le *Palazzo Abatellis*, qui est aujourd'hui le siège de la *Galleria Regionale di Sicilia*. Sa proximité géographique avec le bord de mer et la présence d'un patrimoine architectural très important (qui est dans la majeure partie des cas propriété de la Commune de Palerme ou de la Région sicilienne) en font l'une des zones les plus prestigieuses du centre historique aux yeux des habitants. Sur son site officiel (www.comune.palermo.it), l'administration communale la définit comme « *une des zones les plus fascinantes*» du centre ville. Ce quartier est un des lieux connaissant un développement particulièrement important du processus de gentrification. La réhabilitation du bâti est à un état plus avancé que dans la majeure partie des autres zones du centre historique, la valeur immobilière des terrains y est plus élevée et une transformation de la composition sociale des habitants a pu être observée. Parallèlement à ce processus, les données fournies par l'Etat civil montrent une diminution du nombre total de résidents étrangers. Je propose donc une étude de cas spécialement consacrée à cette zone du quartier de la *Kalsa* en m'attachant aux relations qui existent entre le processus de gentrification et cette évolution du nombre de migrants.

2.2. LA GENTRIFICATION DE PIAZZA MARINA ET SON IMPACT SUR LES COMMUNAUTES IMMIGREES

Cette étude de cas présente un type de relation particulière entre le développement d'un processus de gentrification et les communautés immigrées qui résident dans le quartier de Piazza Marina. Je reviens d'abord sur les deux principaux facteurs (déjà évoqués dans le chapitre 2) qui permettent d'expliquer le développement du processus de gentrification dans ce quartier puis je m'attache à la représentation que se font mes interlocuteurs des transformations que connaît cette zone. Ensuite, j'expose l'évolution de la présence des résidents étrangers et je tente d'identifier les facteurs qui permettent d'expliquer ce phénomène en les rattachant au processus de la gentrification. Je présente aussi un exemple de conflit autour d'un espace afin d'illustrer de manière concrète la relation qui s'instaure entre la gentrification et les communautés immigrées dans le quartier de Piazza Marina.

2.2.1. Retour sur certains aspects de la gentrification de Piazza Marina

La zone de Piazza Marina se caractérise par une présence très importante d'édifices publics[84] et de palais, ce qui en fait un quartier assez homogène du point de vue du bâti et qui possède un patrimoine architectural considérable. La carte élaborée pour le Ppe[85] (voir carte 4.3 : Ppe Piazza Marina et Via Lincoln et environs) permet de se rendre compte de cette situation de manière particulièrement éclairante. Pour de nombreux interlocuteurs, le développement du processus de gentrification du quartier de Piazza Marina est intimement lié à ses caractéristiques urbanistiques, comme la présence de très nombreux palais, d'un grand jardin (qui n'est pas une caractéristique courante dans le centre historique de Palerme) et à sa situation géographique (sa proximité avec le bord de mer). Certains de mes interlocuteurs évoquent donc les caractéristiques « naturelles », inhérentes à ce lieu pour expliquer le développement du processus de gentrification. C'est le cas de Giovanni Mendola, responsable de l'agence immobilière *Zonacasa*, pour qui la zone de Piazza Marina est devenue très attractive durant ces dix dernières années en raison de la présence d'un patrimoine architectural exceptionnel qui a été l'un des premiers à être réhabilité : «*Piazza Marina è una zona di pregio perché lì ci sono dei bellissimi palazzi nobiliari che sono stati i primi ad essere ristrutturati, e quindi si è creato un mercato.*»[86].

L'attractivité « naturelle » de Piazza Marina n'est pas la seule explication que mes interlocuteurs avancent pour expliquer le développement du processus de gentrification. Le rôle de l'administration communale est également évoqué. Selon Vincenzo Guarrasi, l'administration Cammarata a largement privilégié ce quartier dans sa politique de revalorisation du centre historique, à travers l'organisation du festival *Kals'Art* notamment. Selon lui, l'administration communale a axé toute sa politique de requalification du centre historique sur l'organisation de cette manifestation : « *Ma soprattutto, la loro operazione è Kals'Art. Si buttano a peso morto su Kals'Art.* [...] *Questi qua fanno un operazione, riducono il raggio d'azione. E concentrandosi su un pezzo soltanto, su cui fanno un operazione di marketing impressionante* [...] *questo fa si che la rendita salta* »[87]. D'après ses concepteurs, cette initiative est bien plus qu'un festival, mais une véritable opération de revalorisation du territoire à travers une politique de réhabilitation de l'image du quartier. De nombreux interlocuteurs constatent avec Vincenzo Guarrasi que l'organisation de cette manifestation a eu un grand impact sur l'attractivité récente de tout le quartier de la *Kalsa* et sur le processus de gentrification que connaît cette zone. Néanmoins, Cettina Genovese et Salvatore Cavalleri lui reprochent son caractère élitiste qui, selon eux, n'implique pas les habitants. Salvatore Cavalleri oppose deux événements survenus à l'aube de l'été 2004 : l'organisation de la manifestation *Kals'Art*, qui représente selon lui une redécouverte élitaire, mondaine du quartier de la *Kalsa*, et l'occupation temporaire du *Palazzo Bonagia* (voir carte 2.1 : les lieux de Kals'Art) par un groupe de jeunes qui se proposait d'animer le quartier. « *Ci sono due avvenimenti nel giro di due mesi : il nuovo sindaco Cammarata decide di investire sul quartiere della Kalsa e organizza questi eventi culturali, che sono Kals'Art, [...] In qualche modo, c'è questa ripulitura del centro storico, facendo questi grandi eventi, queste grosse*

---

[84] Ces édifices sont mentionnés dans le Ppe comme *edifici specialistici civili pubblici*. Il s'agit de bâtiments appartenant à la Commune ou à la Région Sicilienne, qui abritent notamment les locaux de l'administration, des musées ou des théâtres.

[85] *Piano particolareggiato esecutivo* de 1993, rédigé par Italo Insolera, Leonardo Benevolo et Luigi Cervellati (voir chapitre 1)

[86] « Piazza Marina est une zone prestigieuse parce qu'il y a de très beaux palais nobiliaires qui ont été les premiers à être réhabilités, et donc un marché s'est créé. »

[87] « Mais surtout, leur opération est Kals'Art. Ils se jettent à corps perdu sur Kals'Art. [...] Ceux-là, ils font une opération et réduisent le rayon d'action. Et en se concentrant sur une partie seulement, sur laquelle ils font une opération de marketing impressionnante[...], ceci fait que la rente augmente. »

mostre, però totalmente sconnesse da chi abitava [lì]. *E invece due mesi prima che inizi Kals'Art, che inizi questa riscoperta molto mondana, molto bene delle cose,* [...] *viene occupato Palazzo Bonagia da parte di un gruppo di studenti* [...] *che in quel quartiere, iniziano un attività di dopo scuola con i bambini, di organizzazione di tornei di calcio tra le varie comunità di Palermo,* [...] *organizzano eventi culturali,* [...] *facendo usufruire la riscoperta della piazza agli stessi abitanti del quartiere. Per cui queste due cose si contrappongono, da un lato, una riscoperta dal basso di quel quartiere e dall'atro, questa mega riscoperta di grandi eventi* »[88]. Salvatore Cavalleri perçoit donc l'organisation de ce festival comme une action s'apparentant à un processus *top to down* qui s'oppose à l'action *bottom up* que proposait le groupe d'étudiants ayant occupé le *Palazzo Bonagia*. Pour la petite histoire, ce palais a été évacué peu après et est devenu l'un des hauts lieux du festival *Kals'Art*, à l'intérieur duquel sont organisées des représentations théâtrales.

Salvatore Cavalleri n'est pas l'unique interlocuteur à faire cette analyse. Cettina Genovese partage ce point de vue et estime que la politique menée par l'administration Cammarata s'oppose en cela à celle de Leoluca Orlando : « *Lui* [Diego Cammarata] *ha dato un target molto più elitario, mentre Orlando è stato più nazional popolare, nel senso che, comunque ha dato spazio a tutti,* [...] *è riuscito a coinvolgere veramente tutti. Il punto è che Cammarata ha fatto delle scelte dando un target anche ben preciso, che in qualche modo ha privato la gente del posto di questi divertimenti che tra l'altro coinvolgevanno anche tutti quelli che per motivi economici non si possono permettere le vacanze, non si possono permettere tante cose* »[89]. Cet aspect de la politique menée par Diego Cammarata s'applique selon elle aussi aux communautés immigrées, auxquelles Leoluca Orlando donnait plus de possibilités : « *anche i ragazzi immigrati avevano tanto da fare con Orlando, se vuoi anche impiegati come DJ, con la loro musica, con le percussioni. Veramente tante comunità hanno avuto delle grosse possibilità. Mentre Cammarata è più elitario e non dà le stesse possibilità.* »[90]

Ce discours sur la politique menée par l'administration Cammarata a aussi une influence sur les représentations que se font mes interlocuteurs du quartier de la *Kalsa* en général et de celui de *Piazza Marina* en particulier. Cette zone est fréquemment associée à celle d'un lieu prestigieux qui ne possède pas (ou plus) les caractéristiques généralement attribuées au reste du centre historique, c'est-à-dire un lieu encore marqué par la dégradation physique et sociale. Ces représentations semblent exercer une influence sur le marché immobilier, comme en témoigne cette phrase de Giovanni Mendola, qui fait remarquer que la présence d'une catégorie aisée de la population dans ce quartier est en soi un facteur d'attractivité : « *il palazzino è già ristrutturato e già abitato da professionisti perché spesso vengono abitati da professionisti quindi non c'è tanto la differenza rispetto al centro storico dove magari chi*

---

[88] « Il y a deux événements survenus en l'espace de deux mois : le nouveau maire Cammarata décide d'investir sur le quartier de la Kalsa en organisant ces événements culturels que sont Kals'Art. En quelque sorte, il y a ce nettoyage du centre historique, en réalisant ces grands événements, ces grosses expositions, mais qui sont totalement déconnectées des habitants. En revanche, deux mois avant que commence Kals'Art, que commence cette redécouverte très mondaine, très « bien » des choses, le Palazzo Bonagia est occupé par un groupe d'étudiants, qui commencent des activités extrascolaires pour les enfants, d'organisation de tournois de football entre les différentes communautés de Palerme, organisent des événements culturels, en faisant profiter de la redécouverte de la place les habitants du quartier eux-mêmes. Donc ces deux choses s'opposent, d'un côté, une redécouverte émanant du bas et de l'autre cette méga redécouverte de grands événements. »

[89] « Il [Diego Cammarata] a donné un caractère beaucoup plus élitaire, alors que Orlando a été plus national populaire, dans le sens où il a donné de l'espace à tout le monde, [...] il a réussi à impliquer vraiment tout le monde. Le fait est que Cammarata a fait des choix en donnant un objectif bien précis qui en quelque sorte a privé les gens du lieu de ces divertissements qui par ailleurs impliquaient aussi tous ceux qui pour des motifs économiques ne peuvent pas se permettre les vacances, qui ne peuvent pas se permettre beaucoup de choses. »

[90] « Les immigrés avaient aussi beaucoup de choses à faire avec Orlando, par exemple employés comme DJ, avec leur musique, avec les percussions. Vraiment beaucoup de communautés ont eu des grosses possibilités. En revanche, Cammarata est plus élitaire et ne donne pas les mêmes possibilités. »

compra deve abitare assieme magari a persone della zona quindi del popolo, e magari extracomunitari [...] Lì la differenza tra chi compra e chi ci abita è diminuita. »[91]. Ce discours est intéressant à plus d'un titre car il rappelle « *l'entre-soi sélectif* » évoqué par Jacques Donzelot pour parler de la gentrification (Donzelot, 2003 : 32). L'attraction exercée par la présence d'une population aisée dans ce quartier est perceptible dans le discours de Giovanni Mendola, et constitue un aspect central de la thèse de Jacques Donzelot, qui observe que cet « *entre-soi est un* « *produit naturel* » *du marché* » (ibid.). Par ailleurs, ce discours est révélateur d'une perception répandue à l'égard du quartier de Piazza Marina : l'idée que ce lieu ne correspond pas aux caractéristiques sociales que l'on attribue généralement au centre historique, c'est-à-dire un lieu où résident les catégories les plus pauvres de la population, parmi lesquelles les migrants occupent une place importante.

2.2.2. L'évolution de la présence des communautés immigrées à Piazza Marina : une diminution significative

Parallèlement au développement du processus de gentrification dans le quartier de Piazza Marina, la présence des communautés immigrées diminue. La distribution spatiale effectuée à partir des données fournies par *l'Ufficio Statistisca* permet d'observer que le nombre de résidents étrangers a diminué de manière significative (- 32 %) entre 2001 et 2005 dans ce secteur. La diminution est d'autant plus importante si on la compare avec l'augmentation du nombre de résidents étrangers dans l'ensemble du Mandamento Tribunali (+ 33 %). Je rappelle néanmoins que la distribution spatiale effectuée pour la zone de Piazza Marina correspond à un choix de délimitation qui est de ma responsabilité, et que les résultats auraient été différents si j'avais élargi ou restreint le périmètre étudié. Par ailleurs, le nombre restreint de résidents étrangers répertoriés (212 pour 2001 et 145 pour 2005) tend à exagérer les valeurs proportionnelles indiquées en pourcentage. Cependant, les différences constatées entre le quartier de Piazza Marina et l'ensemble du Mandamento Tribunali sont suffisamment importantes pour se pencher de plus près sur les caractéristiques et les causes de cette évolution asymétrique.

Tableau 4.1. : évolution comparée du nombre de résidents étrangers dans le quartier de Piazza Marina et dans l'ensemble du Mandamento Tribunali entre 2001 et 2005.

	Total 2001	Total 2005	Variation en %
Piazza Marina	212	145	- 32 %
Mandamento Tribunali	1147	1529	+ 33 %

Source : Uffico statistica del Comune à partir des données relevées à l'Etat civil, 2001 et 2005

2.2.2.1. Le facteur économique

Plusieurs interlocuteurs considèrent que le quartier de Piazza Marina n'est pas un lieu où les migrants sont présents. C'est le cas de Reda Berradi, médiateur culturel, qui évoque une présence importante de la classe moyenne supérieure mais qui insiste sur le nombre restreint de résidents étrangers dans cette zone : « *In realtà tutta quella zona che è Piazza Marina, la Kalsa è stata un insediamento da parte di persone di sinistra, intellettuali e borghesi, e la*

---

[91] « Le palais est déjà restructuré et déjà habité par des catégories de personnes exerçant des professions libérales parce qu'ils sont souvent habités par cette catégorie de personnes et il n'y a pas tant cette différence par rapport au centre historique où celui qui achète doit habiter avec les gens du quartier, donc du peuple, ou peut-être des immigrés extracommunautaires. Là, (à Piazza Marina) la différence entre celui qui achète et celui qui y habite a diminué. »

presenza di stranieri è minima, ce ne sono pochissimi, cioè alcuni qua e là, sparsi nelle case degradate e fatiscenti. Da Via Roma verso il mare sono tutte delle case prese da italiani »[92]. Ces propos témoignent d'une représentation que mes différents interlocuteurs sont nombreux à partager. Elle consiste à penser que la zone de Piazza Marina, parce qu'elle a fait l'objet d'interventions importantes de réhabilitation du bâti qui se sont traduits par une augmentation de la valeur immobilière et par un retour des couches aisées de la population, n'est pas un quartier dans lequel les migrants ont leur place. Ce type de discours se base sur le présupposé selon lequel les migrants présents à Palerme ont des ressources économiques limitées, ce qui ne leur permet pas de rester dans un quartier gentrifié comme celui de Piazza Marina. Le discours produit par Cettina Genovese, collaboratrice au centre d'accueil des immigrés de *Santa Chiara* est à cet égard emblématique. Elle estime en effet que les communautés immigrées sont présentes là où la réhabilitation n'a pas encore eu lieu : « *La ristrutturazione delle case continua ad essere a macchia di leopardo e ovviamente gli immigrati trovano spazio in queste zone che sono ancora degradate* »[93]. Ce discours est à rattacher avec celui, courant dans la littérature sur la gentrification (Smith, 1996 ; Spain, 1980), d'un éloignement des communautés immigrées dû au développement du processus de gentrification. La majorité des migrants présents dans le centre historique de Palerme proviennent de pays connaissant de fortes pressions migratoires, principalement pour des motifs économiques (voir chapitre 3), si bien que la plupart de mes interlocuteurs considèrent que le faible capital économique des migrants ne leur permet pas de rester dans des quartiers gentrifiés. A cet égard, ils perçoivent le cas de Piazza Marina comme emblématique d'un phénomène d'éloignement progressif des communautés immigrées dû au processus de réhabilitation du centre historique. C'est notamment l'avis de Salvatore Cavalleri, qui pense que ce qui est en train de se produire à Piazza Marina s'étendra ensuite progressivement à tout le centre historique : « *Ora con queste due tendenze, da un lato queste comunità di immigrati che arrivano nel centro storico però contemporaneamente il centro storico vede questa riscoperta delle classi agiati di Palermo, è facile prevedere che le comunità di immigrati verrano allontanate. Ti faccio un esempio: a Piazza Marina già c'è stato un massicio intervento di ristrutturazione degli edifici e si vede che le comunità di immigrati non ci sono più in quella zona, e questa situazione si vedrà anche negli altri quartieri del centro storico* »[94]. Cité dans un article de la Repubblica, Salvatore Nicosia, professeur de Langues et Littérature grecque à l'Université de Palerme entrevoit le même scénario. Intervenant dans le congrès intitulé « *Modelli di cooperazione per uno sviluppo sostenibile dell'area del Mediterraneo* », Nicosia s'exprime ainsi : « *Dal centro storico avviato alla strada del risanamento gli stranieri sono destinati ad essere esclusi. E una questione di costi troppo alti. Allora non resteranno che le periferie [...]* »[95] (*La Repubblica*, édition de Palerme, 02/12/05). Ce type de discours, relayé par ceux de mes interlocuteurs, tendent tous à considérer que les migrants présents à Palerme ne disposent pas des ressources économiques suffisantes pour « résister » au processus de gentrification. Quant à Francesco Lo Piccolo, il déplore le manque d'initiative de la Commune pour créer des

---

[92] « En vérité, toute la zone de Piazza Marina, de la Kalsa, a fait l'objet d'une installation de la part de personnes de gauche, d'intellectuels et de bourgeois, et la présence des étrangers est moindre, il y en a très peu, dispersés dans les maisons dégradées et délabrées. De Via Roma jusqu'à la mer, ce sont toutes des maisons prises par des italiens »

[93] « La réhabilitation des maisons continue à se faire en taches de léopard et évidemment les immigrés occupent les espaces encore dégradés. »

[94] « Maintenant, avec ces deux tendances, d'un côté ces communautés immigrées qui arrivent dans le centre historique et en même temps le centre historique qui voit cette redécouverte de la part des classes aisées de Palerme, il est facile de prévoir que les communautés immigrées seront éloignées. Je te donne un exemple : à Piazza Marina il y a déjà eu une intervention massive de réhabilitation des édifices et il n'y a plus de communautés immigrées dans cette zone, et cette situation se verra aussi dans les autres quartiers du centre historique. »

[95] « Du centre historique dans lequel le processus de réhabilitation a été entamé, les étrangers sont destinés à être exclus. C'est une question de coûts trop élevés. Alors il ne restera plus que les banlieues.»

logements sociaux, qui représentent à son sens le seul moyen de maintenir une mixité sociale à l'intérieur des quartiers gentrifiés : « [...] *cosi come ci insegnano tutte le politiche europee, ma anche quelle americane, per quello che riguarda la gentrification, in realtà l'unico modo per evitarlo almeno in parte, è interventi pubblici di edilizia residenziale pubblica perché per il resto, altrimenti è ovvio che i prezzi salgano. [...] E nel centro storico se ne sono fatti molto pochi, veramente molto pochi.* »[96]. Il est vrai que la zone de Piazza Marina ne compte aucune intervention pour des logements sociaux. Et Francesco Lo Piccolo considère que les communautés immigrées, comme les anciens habitants les plus pauvres ne sauront pas résister au processus de gentrification s'il n'est pas accompagné par la création de logements sociaux.

2.2.2.2. L'exemple de Palazzo Sanmartino

Les données relevées dans le quartier de Piazza Marina tendent à valider cette hypothèse, et un événement survenu en avril 2001 révèle l'influence du processus de gentrification sur le déplacement des communautés immigrées les plus pauvres et les plus vulnérables. Un immeuble de *Via Lungarini* (voir carte 1.3. : principaux lieux évoqués dans l'étude ; *Palazzo Sanmartino*) a en effet été le théâtre de l'évacuation d'une quarantaine de personnes, toutes d'origine immigrée. L'évacuation de *Via Lungarini* est liée à l'histoire de la communauté Rom, qui a connu de nombreux déplacements de population dans la ville de Palerme. Cettina Genovese, qui est très souvent en contact avec cette communauté, m'a livré divers éléments d'informations dont je rends compte ici.

D'abord, il est important de relever l'hétérogénéité qui caractérise cette communauté du point de vue des origines géographiques diverses des membres qui la composent. Les deux groupes principaux issus de cette communauté sont d'origine serbe et d'origine kosovare, mais ils apparaissent indifféremment dans les statistiques comme ressortissants de Yougoslavie. Le groupe originaire du Kosovo est présent depuis longtemps au *Parco della Favorita*, un camp Rom situé au nord de l'agglomération palermitaine. Quant aux ressortissants d'origine serbe, ces membres étaient regroupés près de la Via Messina Marina, tout près du bord de mer au sud de Palerme. Quand l'administration Orlando a décidé de réhabiliter la zone côtière, les Serbes de la communauté Rom ont été déplacés vers le *Parco della Favorita*, non sans l'apparition de nombreux conflits. Néanmoins, les deux parties sont parvenues à trouver un accord en 1996 et l'Administration Communale a garanti l'accès aux services d'urbanisation primaire (eau, électricité) au camp de la *Favorità*, qui n'existaient pas jusque là. Mais conformément à la prévision des personnes travaillant dans le secteur de l'immigration, l'arrivée des Serbes dans ce camp à prédominance kosovare a fait surgir de nombreux conflits liés à la situation de guerre qui minait l'ex-Yougoslavie à cette période, mais aussi à la gestion de l'eau et de l'électricité dans un camp divisé en fonction des appartenances ethniques diverses. Cettina Genovese explique le climat délétère dans lequel le camp a été plongé : « *Con l'arrivo dei Serbi cos'è successo ? Praticamente che i Serbi detenevano il potere della luce per cui quando c'era una lite, li staccavano la luce ai Kosovari. Alla fine ci sono stati dei momenti di tensioni molto forti al campo* »[97]. Cette situation conflictuelle a incité de nombreuses familles à quitter le camp de la *Favorita*, et c'est ainsi que diverses familles ont choisi de s'installer dans le centre historique.

---

[96] « Comme nous enseignent toutes les politiques européennes, mais aussi américaines pour ce qui concerne la gentrification, en réalité le seul moyen pour l'éviter, en tous cas en partie, est de faire des interventions publiques pour les logements sociaux, autrement c'est clair que les prix augmentent. [...] Et au centre historique, il y en a eu très peu. »

[97] « Avec l'arrivée des Serbes, qu'est-il arrivé ? En fait, les Serbes détenaient le pouvoir de la lumière et donc, quand il y avait un conflit, ils coupaient la lumière aux Kosovars. A la fin, il y a eu des moments de tension très forts au camp. »

Parmi celles-ci, certaines se sont installées au numéro 68 de la *Via Lungarini*. Puis d'autres migrants sont venus s'installer au *Palazzo Sanmartino*, pour la plupart originaires de Côte d'Ivoire et du Ghana. Mais le 20 avril 2001, les occupants de cet immeuble sont évacués par les forces de police, à travers une vaste opération largement relayée par la presse locale, qui a comporté la fermeture à la circulation de toute la *Via Lungarini* et d'une partie de Piazza Marina. Plusieurs raisons sont évoquées par la presse et par mes interlocuteurs pour expliquer cette évacuation :

Les conditions de dégradation de l'immeuble et les problèmes d'insalubrité constituent le motif privilégié évoqué par les autorités, la presse et diverses associations de sauvegarde du patrimoine comme *Salvare Palermo*.

Le propriétaire de l'immeuble estime quant à lui que les occupants « squattaient » son immeuble sans lui payer de loyers.

Enfin, Cettina Genovese et Salvatore Cavalleri estiment que les habitants de la zone ont exercé de nombreuses pressions auprès des autorités pour évacuer les occupants.

L'évacuation de cet immeuble est révélatrice d'une situation très répandue dans le centre historique de Palerme : l'occupation ou la location d'appartements dans des immeubles dégradés, dont la propriété n'est pas clairement identifiée et qui ne possèdent pas l'accès à l'eau ou à l'électricité, par des migrants dont la présence n'a pas été régularisée. Francesco Lo Piccolo relève ce phénomène qui voit l'occupation par des migrants d'édifices abandonnés par les propriétaires, qui doivent cependant payer des sommes importantes pour la location : « *Buona parte degli immigrati a Palermo vive in centro storico, in condizione spesso precarie [...] Nella maggior parte dei casi si tratta d'abitazioni abbandonate dai proprietari ; abbandono legato, quasi sempre, allo stato d'inagibilità o di precarietà in cui versano questi edifici. Nonostante tutto, l'affitto mensile raggiunge cifre considerevoli che oscillano dai 150 euro per un monolocale ai 550 euro per i quadrivani* » (Lo Piccolo, 2003 : 205). Selon Cettina Genovese, il existe une spéculation de la part des propriétaires sur la location des appartements à cette catégorie de personnes très vulnérables que sont les migrants dont la présence n'a pas été régularisée : « *c'è una speculazione per quello che riguarda gli immigrati irregloari che è veramente vergognosa, di case che sono veramente inagibili* »[98]. Madou Cissé a lui même expérimenté cette réalité du logement dans le centre historique à laquelle sont confrontés les migrants : « *au niveau du logement, nous les immigrés on paie plus cher que les Italiens et on paie plus pour des taudis, là aussi il y a une exploitation du fait que les immigrés ne sont pas en règle* ». De plus, la fragmentation de la propriété immobilière du centre historique implique des situations où le propriétaire n'est pas clairement identifié et il a été constaté que dans de nombreux cas, les migrants occupant ces maisons dégradées payaient un loyer à la mauvaise personne.

Dans ce contexte, il est possible de prévoir à long terme que la réhabilitation de ces immeubles dégradés provoquera l'éloignement de cette catégorie de personnes vulnérables que sont les migrants dont la situation n'a pas été régularisée. A cet égard, le cas de l'évacuation du Palazzo Sanmartino semble constituer une illustration de ce phénomène. Le propriétaire de l'immeuble a en effet décidé d'entamer des travaux de réhabilitation et a dénoncé les occupants, pour la plupart des migrants en situation irrégulière, qui ne payaient pas leurs loyers (*La Repubblica*, édition de Palerme, 20/04/01). L'évacuation a d'ailleurs été suivie de nombreux renvois de migrants, comme en témoigne l'article de Chiara Dino, journaliste à *la Repubblica* : « *Alla fine il bilancio si è concluso con l'emissione di 20 decreti di espulsione per altrettanti cittadini provenienti dalla Costa d'Avorio, dalla Giamaica, dal Ghana e dalla ex Jugoslavia.* » (*La Repubblica*, édition de Palerme, 21/04/2001).

---

[98] « Il y a une spéculation à l'égards des immigrés irréguliers qui est vraiment honteuse, pour des maisons vraiment inhabitables. »

Par ailleurs, diverses sources permettent d'affirmer que cette évacuation répondait non seulement à une demande du propriétaire mais aussi à des pressions exercées par les habitants de la Via Lungarini, qui ne toléraient pas la présence de ces communautés dans cette rue : « *Per cacciarli via dal quel palazzo ridotto ai limiti della vivibilità ci sono andati almeno in duecento. A rendere esecutivo un provvedimento di sgombero a lungo rimandato, sollecitato dagli abitanti del quartiere* » (*La Repubblica*, édition de Palerme, 21/04/01). Pour Salvatore Cavalleri, les pressions des habitants sont liées au processus de gentrification qui était déjà en cours dans cette zone et provenaient des couches aisées de cette population : « *c'è questo processo in questa zona lì di ripulitura e lì, sotto pressioni delle famiglie bene ci fu uno sgombero pesantissimo senza aver provato nessuna forma di mediazione* »[99]. Cet événement, qui a été largement médiatisé par la presse locale, a été l'objet d'une polémique et divers mouvements se sont élevés pour dénoncer une opération qui n'a pas été accompagnée par des formes de médiation. Un des responsables du centre d'assistance pour les populations immigrées *Santa Chiara* dénonce, dans un communiqué du 17 octobre 2001, le fait que les immigrés les plus vulnérables soient les premières victimes des opérations destinées à combattre l'illégalité dans le centre historique : « *La vicenda denota come il prime vittime delle azioni di contrasto della illegalità siano gli immigrati più deboli.* »[100] (Fulvio Vassallo Paleologo, collaborateur au centre *Santa Chiara*). Par ailleurs, il proteste contre l'attitude de certains propriétaires, qui rechignent à louer des appartements aux migrants, de peur que le prestige de leurs immeubles en souffre : « *dobbiamo denunciare anche il mutato atteggiamento di molti proprietari di appartamenti nel centro storico che non vogliono più come inquilini cittadini "extracomunitari" come li definisce la burocrazia, oppure temono che il pregio dei loro appartamenti venga ridotto per la presenza degli immigrati. Senza parlare sulle manovre speculative in corso nel centro storico di Palermo, manovre che stanno comportando l'allontanamento di molte famiglie di immigrati dalle loro abitazioni.* »[101].

L'évacuation du *Palazzo Sanmartino* constitue un exemple concret de l'impact du processus de gentrification sur les communautés immigrées les plus vulnérables. Cet événement illustre le dilemme auquel la municipalité sera confrontée à l'avenir avec d'un côté, la volonté de réhabiliter les bâtiments du centre historique et de lutter contre des situations d'abus liées au flou qui règne dans le domaine de la propriété foncière et de l'autre côté, la nécessité de protéger les populations vulnérables que sont les migrants dont la situation n'est pas régularisée. Or, le cas de l'évacuation du *Palazzo Sanmartino* laisse penser que ces populations ne seront pas protégées lorsqu'il s'agira de restaurer d'autres bâtiments.

2.2.2.3. Les activités commerciales des migrants

Pour Reda Berradi, la gentrification de Piazza Marina a créé un type d'économie dans lequel les communautés immigrées n'ont pas réussi à s'intégrer : « *Il problema è che questo tipo di economia respinge le comunità di immigrati perché dal momento in cui questo quartiere è diventato una residenza di avvocati, di professionisti, comunque gente che ha i soldi, ha fatto si che i prezzi dei servizi del quartiere sono aumentati e poi c'è stato un aumento di negozetti particolari perché c'è una clientela che ha i soldi, quindi naturalmente un negozio biologico va*

---

[99] « Il y a ce processus de nettoyage dans cette zone et là, sous la pression des familles aisées, il y a eu une évacuation très lourde sans avoir essayé aucune forme de médiation. »

[100] « Cet événement dénote comment les premières victimes des actions de lutte contre l'illégalité sont les immigrés les plus faibles. »

[101] « Nous devons aussi dénoncer le changement d'attitudes de plusieurs propriétaires d'appartements du centre historique qui ne veulent plus comme locataires des citoyens « extracommunautaires » comme les définit la bureaucratie, ou qui ont peur que le prestige de leurs appartements soit réduit par la présence des immigrés. Sans parler des manoeuvres spéculatives en cours dans le centre historique, manoeuvres qui comportent l'éloignement de beaucoup de familles immigrées de leurs habitations. »

molto meglio che il negozio dell'immigrato per dire. »[102]. Il est vrai que le quartier de Piazza Marina ne se caractérise pas par la présence d'activités commerciales et culturelles menées par les migrants. Un travail mené en 2000 par un groupe d'étudiants en architecture se proposait de relever et de cartographier les activités commerciales et culturelles mises en œuvre par les différentes communautés immigrées présentes dans le centre historique (Amenta, Barbagallo et Mirone, 2001). Cette étude permet de constater la concentration de ces différentes activités le long des grands axes que sont la *Via Maqueda* et le *Corso Vittorio Emanuele* et à proximité des marchés historiques que sont la *Vucciria*, le *Capo* et *Ballarò*. Nombreux sont les témoignages qui évoquent l'insertion des migrants dans les relations économiques particulières que présentent les marchés historiques. Pour Reda Berradi, le marché de Ballarò représente un exemple significatif de cette insertion des migrants à travers les activités commerciales, qui est aussi dû à la proximité de *Santa Chiara*, le centre d'accueil pour les immigrés : « *Ora se tu vedi Ballarò, che è il quartiere forte dell'immigrazione, è dovuto al fatto che intorno a questo quartiere si è creata una forma di economia di comunità perché gli immigrati si sono inseriti nel mercato di Ballarò e anche perché c'è il centro d'accoglienza Santa Chiara. E gli stessi stranieri, specialmente quelli del Centro Africa hanno fatto delle attività commerciali* »[103]. Madou Cissé, migrant Ivoirien résidant depuis vingt ans à Palerme, relève également l'intégration des migrants africains dans les circuits économiques que constituent les marchés du centre historique : « *si tu vas dans les marchés tu trouves tous les produits africains que les Italiens vendent maintenant. Parce que la majeure partie des magasins étaient fermés, et ces petits marchés ne fonctionnaient plus. L'arrivée des immigrés a ouvert les yeux des Italiens, ils ont pris ces immigrés qui vendaient ces produits africains et ils se sont mis ensemble et ça a redonné une image aux magasins. Et d'autres même ont confié leur magasin à des Africains, qui ont mis en place des réseaux d'importation de produits africains qu'ils arrivent à redistribuer grâce aux marchés du centre historique* [...]* ». Dans les marchés du centre historique, les migrants ont pu apporter leurs compétences, grâce notamment aux réseaux qu'ils ont constitués dans leur pays d'origine et qui leur permettent d'importer des produits qui sont devenus courants sur les marchés. Cettina Genovese relève également ce phénomène : « *nel mercato, le salumerie si sono attrezzate e hanno tutti i prodotti di importazione e molti negozietti sono gestiti dagli africani stessi* »[104]. En revanche, ce type d'activités n'existe pratiquement pas dans le quartier de Piazza Marina. Un autre type d'économie s'est créée dans ce quartier, destinée à une clientèle plus aisée, à l'intérieur de laquelle les migrants ne se sont pas intégrés.

Il semble que le cas de Piazza Marina représente un cas de figure à l'intérieur duquel les communautés immigrées subissent le processus de gentrification sans parvenir ni à y résister, ni à y participer. Les facteurs permettant d'expliquer cette situation sont double : le faible capital économique des migrants, qui ne leur permet pas de rester dans un quartier qui voit une augmentation de la valeur immobilière du bâti et le type d'économie créée par la gentrification, qui ne favorise pas leur insertion en terme d'activités commerciales.

---

[102] « Le problème est que ce type d'économie repousse les communautés immigrées parce qu'à partir du moment où ce quartier est devenu une résidence pour les avocats, les personnes exerçant des professions libérales, en somme des gens qui ont de l'argent, les prix des services ont augmenté et il y a eu une augmentation de petits magasins particuliers parce qu'il y a une clientèle qui a de l'argent, donc naturellement le magasin biologique va beaucoup mieux que le magasin de l'immigré. »

[103] « Si tu regardes *Ballarò*, qui est le quartier fort de l'immigration, ceci est dû au fait qu'autour de ce quartier une forme d'économie de communautés s'est créée parce que les immigrés se sont insérés dans le marché de Ballarò et aussi parce qu'il y a le centre d'accueil *Santa Chiara*. Et les étrangers, spécialement ceux provenant d'Afrique centrale, ont mené des activités commerciales. »

[104] « Au marché, les épiceries se sont équipées et ont tous les produits d'importation et beaucoup de magasins sont gérés par les Africains eux-mêmes. »

2.2.3. A la recherche d'autres facteurs : les caractéristiques des communautés immigrées résidant à Piazza Marina

La décomposition des aires géographiques de provenance des migrants présents à Piazza Marina fournit certaines informations sur le profil des communautés immigrées et permet de révéler certaines disparités avec le reste du centre historique.

Le tableau que je présente ci-dessous relève les principales nationalités des migrants présents dans le quartier de Piazza Marina pour les années 2001 et 2005. Quelques précisions doivent être apportées concernant ce tableau :

- Le choix des nationalités représentées s'est fait sur la base de leur importance du point de vue numérique.

- Les résidents issus de pays européens ont été regroupés sous la mention « Europe ». Ce choix se justifie dans la mesure où l'ensemble de ces habitants représente une composante importante de la population étrangère du quartier alors que les pays qui composent cette catégorie ne comptent que peu de membres s'ils sont pris isolément. Ces résidents proviennent de Suisse, d'Allemagne, de France, du Royaume-Uni, de Pologne, de Grèce et d'Estonie. Je n'ai pas inclus les migrants provenant de l'Ex-Yougoslavie, qui représentent une catégorie à part entière compte tenu de leur importance du point de vue numérique.

- La catégorie « autres » recense les individus issus de pays dont l'importance numérique s'avère marginale. La remarque faite pour la catégorie « Europe » s'applique aussi aux représentants de ces pays, dans la mesure où l'ensemble des membres originaires de ces différentes nations est important du point de vue quantitatif.

Le tableau permet d'observer deux aspects de la présence des migrants dans le quartier de Piazza Marina : la composition des différents pays de provenance et son évolution.

Tableau 4.2. : Composition des pays d'origine des migrants établis dans la zone de Piazza Marina pour 2001 et 2005

	Valeur absolue 2001	Valeur en % 2001	Valeur absolue 2005	Valeur en % 2005
Côte d'Ivoire	11	5,2 %	8	5,5 %
Ghana	27	12,8 %	9	6,2 %
Ile Maurice	17	8,0 %	12	8,3 %
Maroc	19	8,9 %	9	6,2 %
Sri Lanka	14	6,6 %	23	15,9 %
Tunisie	53	25,0 %	21	14,5 %
Ex-Yougoslavie	16	7,5 %	11	7,6 %
Europe	25	11,8 %	29	20,0 %
Autres	30	14,2 %	23	15,9 %
Total	212	100,0 %	145	100,0 %

Source : Uffico statistica del Comune à partir des données relevées à l'Etat civil, 2001 et 2005

Le tableau permet d'observer l'évolution de la présence des migrants en fonction de leurs pays d'origine. A ce titre, il est intéressant de constater les disparités qui caractérisent les membres des diverses communautés. Ainsi, les ressortissants ivoiriens, ghanéens, mauriciens, marocains, tunisiens et yougoslaves sont moins nombreux en 2005 qu'ils ne l'étaient en 2001. Les représentants des communautés tunisienne et ghanéenne sont ceux qui connaissent la plus forte diminution. Outre ces premiers constats, il apparaît clairement que la composition des pays de provenance des migrants installés dans le quartier de Piazza Marina est différente de celle qui caractérise la présence des communautés immigrées dans l'ensemble du centre historique. Le quartier de Piazza Marina se distingue par une surreprésentation des migrants issus de pays européens, autant en 2001 qu'en 2005. Alors qu'ils représentent moins de 10 % de la population étrangère dans l'ensemble du centre historique, ils constituent 20 % de la population étrangère dans la zone de Piazza Marina pour l'année 2005, et ce chiffre ne tient pas compte du nombre de ressortissants yougoslaves. A l'inverse, les membres des communautés les plus importantes dans le centre historique (Bangladesh, Maroc, Tunisie, Sri Lanka, Ghana, Côte d'Ivoire, Ile Maurice) sont sous-représentées dans le quartier de Piazza Marina. La communauté bengalaise, la plus importante du point de vue quantitatif à l'échelle du centre historique, ne compte que trois représentants à Piazza Marina, autant en 2001 qu'en 2005. Cependant, il convient de se montrer prudent dans l'analyse de ces données, car le nombre restreint des résidents étrangers répertoriés tend à exagérer les chiffres relatifs à l'évolution de leur présence. Ainsi, le départ d'une seule famille peut contribuer à faire baisser de manière importante le pourcentage des membres d'une communauté.

Néanmoins, l'analyse de ces données peut être rattaché à certaines tendances générales à l'intérieur des communautés immigrées que la démarche qualitative permet d'éclairer. Il s'agit dès lors de trouver des explications à ces processus dynamiques, que la recherche quantitative ne fournit pas.

2.2.3.1 La présence des migrants européens

En ce qui concerne le nombre important de résidents étrangers en provenance de pays européens dans le quartier de Piazza Marina, cette présence correspond à une tendance observée chez certaines agences immobilières à l'acquisition de biens immobiliers par des personnes de l'extérieur, principalement issues de pays européens. Giovanni Mendola explique ce phénomène relativement récent : « *Io personalmente non ho fatto vendità di persone di fuori però so che parecchi... sia tedeschi, francesi... detto dei miei colleghi che hanno investito, hanno comprato qualche cosa lì al centro storico e soprattutto nella zona di Piazza Marina. Sono tutte quelle palazzine dove c'è il terrazzino e so che diciamo, parecchi investitori di fuori hanno comprato in genere già ristrutturato, appartamenti già ristrutturati*»[105]. Bien que je ne dispose pas de chiffres précis sur ce phénomène, l'acquisition de biens immobiliers par des étrangers, provenant principalement de pays européens, m'a été confirmée par certains observateurs avertis du marché immobilier, comme Teresa Cannarozzo. Cette situation explique en partie la différence qu'il existe entre la composition des résidents étrangers dans cette zone par rapport à celle qui prévaut dans le reste du centre historique. L'acquisition de biens immobiliers par des personnes provenant de pays européens peut être rattachée à la volonté affichée par l'administration Cammarata de faire du centre historique de Palerme un pôle touristique destiné à un tourisme d'élite. En créant des variantes au Ppe, la Commune a donné son autorisation à la réalisation de neuf hôtels de luxe, dont quatre sont situés dans le quartier de Piazza Marina. Le but clairement affiché est d'attirer des touristes aisés : « *Si punta a portare all'interno della città antica un tipo di turismo medio alto e si guarda principalmente a russi, americani, giapponesi e tedeschi.* » (communiqué de presse du 15 juin

---

[105] « Moi personnellement, je n'ai pas fait de vente à des personnes de l'extérieur, mais je sais par mes collègues que plusieurs personnes... Des Allemands, des Français... ont investi, ont acheté quelque chose dans le centre historique, surtout dans la zone de Piazza Marina. Ce sont tous ces petits palais où il y a la terrasse et je sais que plusieurs investisseurs de l'extérieur ont acheté en général des appartements déjà restructurés. »

2004, publié sur le site internet officiel de la Commune : http://www.comune.palermo.it/Comune/conferenze_stampa/cs52.htm). La présence importante de migrants en provenance de pays européens peut donc s'expliquer par leur acquisition de biens immobiliers dans ce quartier et dans une certaine mesure par une stratégie de l'administration Cammarata visant à attirer des touristes aisés dans le centre historique. Quoi qu'il en soit, cette surreprésentation de migrants européens peut s'apparenter au retour des couches aisées dans ce quartier, car il est possible d'affirmer que les résidents européens qui acquièrent des biens immobiliers dans cette zone sont issus de classes moyennes ou supérieurs. Cette présence semble s'effectuer au détriment des autres communautés immigrées, qui ne possèdent pas les ressources économiques pour rester dans le quartier en cours de gentrification de Piazza Marina.

2.2.3.2. Le statut de Palerme chez les migrants en provenance d'Afrique subsaharienne

Le faible capital économique des migrants est évoqué par la plupart de mes interlocuteurs pour expliquer l'impact du processus de gentrification sur les communautés immigrées, qui se retrouvent déplacées. Cependant, les observations relatives à la composition des pays de provenance des résidents étrangers dans le quartier de Piazza Marina incitent à s'intéresser de plus près aux caractéristiques propres à chacune des communautés, et à tenter de comprendre l'influence qu'elles peuvent avoir dans ce processus de déplacement.

Il est une réalité importante qui n'a pas été évoquée jusqu'ici et qui peut avoir une influence sur le déplacement des migrants dans un quartier gentrifié : il s'agit du projet migratoire qui caractérise certaines communautés. Ainsi, Madou Cissé, migrant ivoirien installé depuis vingt ans à Palerme, évoque ce thème en soulignant que la grande majorité des migrants provenant d'Afrique subsaharienne perçoivent la ville de Palerme comme un point de départ vers d'autres destinations italiennes ou européennes. « *Pour de nombreux Africains, Palerme est un lieu de passage, beaucoup vont ensuite au Nord ou changent de pays pour améliorer leurs conditions de vie. Palerme est souvent un point de départ, pour avoir les documents, pour pouvoir se mouvoir, aller vers d'autres pays. Beaucoup partent grâce à des filières basées aux Etats-Unis, beaucoup à Londres, beaucoup aussi en France, certains en Belgique.* ». La ville de Palerme est très souvent considérée comme un lieu de transit pour les migrants en provenance des pays africains, et représente ainsi un exemple concret dans la thématique des migrations circulatoires. Cettina Genovese observe le même phénomène chez les migrants africains : « *Palermo è un luogo di transito* [...] *Spesso i ragazzi africani prendono i documenti e poi vanno al Nord* »[106]. Les statistiques produites par l'*Observatorio sulla condizione sociale della città di Palermo* fournissent des indications concernant le profil des migrants provenant d'Afrique occidentale. Elles révèlent le caractère jeune et masculin de ces migrants, ce qui laisse présupposer un degré important de leur capacité de mobilité.

---

[106] « Palerme est un lieu de transit [...] Souvent, les Africains prennent les documents puis vont au Nord. »

Tableau 4.3. : *Répartition des résidents en provenance d'Afrique Occidentale en fonction de leur sexe et de leur âge (2005)*

	< 40 ans	> 40 ans	Total
Hommes	271	169	440
Femmes	189	102	291
Total	460	271	731

Source : *Osservatorio sulla condizione sociale della città di Palermo (2005)*

Dans le cas qui nous occupe, ce phénomène est susceptible de représenter un facteur important dans l'éloignement des communautés immigrées dans un quartier gentrifié, parce que les migrants africains présentent un degré élevé de mobilité, non seulement à l'échelle régionale ou nationale, mais également à l'échelle intra-urbaine . A cet égard, l'exemple de Madou Cissé est significatif : résidant depuis vingt ans à Palerme, il a déménagé six fois depuis son arrivée. Je lui ai demandé si ces nombreux déménagements lui avaient posé problème quant à son attachement au quartier dans lequel il résidait et voici ce qu'il m'a répondu : « *Oui, j'étais attaché mais tu sais, j'ai pris l'habitude de me déplacer souvent et je n'ai pas de problème à déménager.* [...] *En général, nous les immigrés, on est plus mobile que les Italiens parce qu'on a expérimenté la migration. Dès lors, on n'a pas de problème à se déplacer dans la ville ou s'il le faut dans des endroits plus lointains. Par contre, ceux qui ont ouvert un magasin, ils ont plus de peine à le lâcher parce qu'ils y sont attachés*». Certes, il s'agit d'un seul témoignage, mais il permet d'entrevoir un autre facteur susceptible de jouer un rôle dans le déplacement des migrants dû au processus de gentrification. Le seul facteur économique ne suffit pas à l'expliquer, il faut tenir compte de la mobilité des migrants et de leur projet migratoire. Il semble raisonnable de penser que le processus de gentrification aura un impact beaucoup plus élevé sur des migrants disposés à se déplacer facilement à l'intérieur de la ville ou vers d'autres régions. En revanche, les activités commerciales menées par les migrants constituent un ancrage fort dans le quartier de résidence, or il a été observé que la zone de Piazza Marina n'était pas un lieu qui se caractérisait par la présence de magasins ou de restaurants tenus par des représentants des communautés immigrées. A l'inverse, Cettina Genovese estime que le quartier de Ballarò, où la présence des migrants se traduit par une forte présence d'activités commerciales et de relations avec la population autochtone, le processus d'éloignement de ces communautés pourra difficilement advenir. « *Io penso che in questa zona* [Ballarò], *lo penso molto sinceramente,* [il processo di allontanamento delle comunità di immigrati] *non potrà accadere perché l'insediamento è molto forte nel senso che veramente si sono costruiti dei circoli economici ma anche di amicizia, di fratellanza fra le persone del posto e gli immigrati per cui proprio nella zona di Ballarò, credo che sia molto difficile che possa avvenire.* »[107].

2.3.4.3. Les communautés « anciennes »

L'importante mobilité résidentielle des migrants en provenance d'Afrique occidentale peut donc représenter un facteur explicatif pour la diminution des résidents ghanéens et ivoiriens dans le quartier gentrifié de Piazza Marina. En revanche, le cas des résidents tunisiens, marocains, et mauriciens est un peu différent. Ces différentes communautés sont présentes depuis plus longtemps à Palerme. Le *Centro interculturale « I colori del mondo »* a publié en 2005 une étude sur la durée moyenne de la période passée à Palerme par les migrants, qui

---

[107] « Je pense que dans cette zone (*Ballarò*), je le pense très sincèrement, [le processus d'éloignement des communautés immigrées] ne pourra pas se produire parce que l'installation est très forte au sens où des circuits économiques se sont créés, mais aussi d'amitié, de fraternité, entre les personnes du lieu et les immigrés, donc je pense que dans la zone de Ballarò, c'est très improbable que cela puisse advenir.»

est exprimée en fonction des années passées à partir de l'enregistrement à l'Etat civil. Le tableau 3.5. présenté en p. 80 reproduit les résultats de cette étude pour les communautés les plus importantes présentes à Palerme.

Ce tableau permet de constater que les communautés tunisienne, mauricienne, marocaine et yougoslave sont les plus « anciennes » à Palerme. Le cas de la communauté yougoslave est un peu particulier, c'est pourquoi j'y reviendrai par la suite. Néanmoins, ces communautés ont développé une tradition ancienne de la migration à Palerme et ceci est particulièrement vrai pour la communauté tunisienne, dont la migration remonte aux années 70. Cette réalité comporte deux composantes importantes pour le cas qui nous occupe :

- D'une part, ces communautés présentent en général une certaine stabilité résidentielle vis à vis de la ville de Palerme. Contrairement aux migrants provenant d'Afrique occidentale, ces communautés ont généralement un projet d'installation à long terme dans la ville de Palerme. Cettina Genovese relève également la stabilité résidentielle qui caractérise ces communautés : « *Queste comunità hanno un più antico legame con Palermo e sono tra le più residenziali* »[108].

- D'autre part, et cet aspect est lié au premier, il a été observé à la fois une diminution de la présence de ces communautés dans le centre historique ces dernières années et une augmentation parallèle de leur présence dans les autres circonscriptions. Le tableau que je présente ci-dessous relève l'évolution de la présence de ces trois communautés dans le centre historique et dans le reste des autres circonscriptions pour les années 2003 et 2005. J'aurais souhaité présenter cette évolution en exposant des chiffres plus anciens mais les données dont je disposais pour les résidents étrangers dans le reste de la ville pour les années précédentes ne présentent pas un degré assez élevé de fiabilité.

Tableau 4.5.: évolution de la présence des résidents marocains, tunisiens et mauriciens dans le centre historique et dans le reste de la ville pour 2003 et 2005

Pays d'origine	Nombre de résidents dans le centre historique 2003	Nombre de résidents dans le centre historique 2005	Nombre de résidents dans le reste de la ville 2003	Nombre de résidents dans le reste de la ville 2005
Maroc	329	290	981	1077
Tunisie	783	736	1260	1310
Ile Maurice	468	427	1111	1086

Source : Osservatorio sulla condizione sociale della città di Palermo (2003 et 2005)

Ce tableau permet de constater l'évolution de la résidence des communautés, marocaines, tunisiennes et mauriciennes dans le centre historique et dans le reste de la ville sur un laps de temps assez court (entre 2003 et 2005). Il apparaît assez clairement que les résidents issus de ces communautés se déplacent du centre historique vers le reste de la ville. Les raisons qui permettent d'expliquer cette mobilité résidentielle à l'intérieur de la ville de Palerme ne peuvent pas être clairement définies. Les témoignages de mes interlocuteurs semblent indiquer que cette mobilité spatiale correspond à une mobilité sociale, dans la mesure où leur présence de longue durée leur permet de se déplacer vers des quartiers possédant une meilleure image, comme celui de Via Libertà par exemple. Néanmoins, ces considérations doivent être appréhendées avec une certaine prudence, car les données que j'ai récoltées ne

---

[108] « Ces communautés ont un lien plus ancien avec Palerme et comptent parmi les communautés les plus résidentielles »

permettent pas d'attester de leur pertinence. En revanche, le tableau présenté permet d'affirmer que la gentrification du quartier de Piazza Marina ne saurait représenter le seul facteur de déplacement des communautés marocaines, tunisiennes et mauriciennes, étant donné que leur présence diminue dans tout le centre historique, y compris dans des quartiers qui ne connaissent pas le développement du processus de gentrification. Ces différentes informations concernant les pays de provenance des migrants permettent de nuancer l'influence du processus de gentrification sur la diminution de résidents étrangers dans le quartier de Piazza Marina.

2.3.4. Considérations à propos de cette étude de cas

Les apports fournis par cette étude de cas permettent de constater que la zone de Piazza Marina se caractérise par le développement du processus de gentrification et simultanément par une diminution du nombre de résidents étrangers. Cette situation peut être expliquée par la présence de différents facteurs, que je résume ici :

- Les faibles ressources économiques des migrants présents dans le centre historique de Palerme peuvent être considérées comme un obstacle à leur permanence dans un lieu connaissant le développement du processus de gentrification. Il a en effet été constaté que les résidents étrangers issus de pays pauvres ont tendance à diminuer alors que le nombre des migrants provenant de pays européens augmente. Par ailleurs, le cas de l'évacuation du Palazzo Sanmartino permet de constater que certaines catégories de la population d'origine immigrée sont particulièrement vulnérables face au processus de gentrification, comme les résidents dont la situation n'a pas été régularisée.

- Les activités commerciales représentent une forme d'ancrage dans le territoire et dans la société d'accueil et sont susceptibles de représenter un facteur de permanence dans un quartier gentrifié. A l'inverse, l'absence d'activités commerciales menées par les migrants peut constituer un facteur permettant d'expliquer leur éloignement de ce quartier gentrifié

- Le projet migratoire à l'égard de la ville de Palerme peut également être considéré comme un facteur explicatif de l'éloignement de certaines communautés. En effet, il a été observé que la majorité des migrants provenant d'Afrique subsaharienne considèrent la ville de Palerme comme un lieu de transit vers d'autres destinations italiennes ou européennes. Dans ce contexte, les personnes qui ont ce type de projet migratoire sont beaucoup plus mobiles et donc plus susceptibles de se retrouver éloignées indirectement par l'augmentation de la valeur immobilière des édifices situés dans un quartier gentrifié.

- Enfin, il a été constaté que certaines communautés présentes depuis de nombreuses années à Palerme ont tendance à se déplacer à l'intérieur de la ville, abandonnant le centre historique pour d'autres quartiers. Ce processus semble se faire indépendamment du phénomène de gentrification, qui ne saurait donc être l'unique cause de ce déplacement.

3. LA GENTRIFICATION DE LA ZONE DE VIA LINCOLN ET LA COMMUNAUTE CHINOISE

À travers cette deuxième étude de cas, je présente une situation très différente de celle qui prévaut dans le quartier de Piazza Marina dans les relations entre gentrification et communautés immigrées. Si la zone de Piazza Marina représente dans une certaine mesure un exemple d'éloignement des communautés immigrées dû au développement du processus de gentrification, le quartier de Via Lincoln et ses environs connaît le phénomène de gentrification mais voit parallèlement une augmentation de la présence des migrants (voir chapitre 3) et l'installation de nombreux commerces tenus par la communauté chinoise.

3.1. REMARQUE A PROPOS DES METHODES

La communauté chinoise présente à Palerme se distingue des autres communautés puisqu'elle ne possède pas d'association qui la représente. Cette situation correspond à un choix délibéré des résidents chinois sur lequel je reviendrai, mais la recherche d'interlocuteurs fiables au sein de cette communauté s'est avérée particulièrement laborieuse, et il est possible que cette étude en souffre quelque peu. Néanmoins, j'ai connu certains commerçants chinois de la Via Lincoln qui m'ont autorisé à utiliser les données recueillies durant les entretiens à condition que je ne mentionne pas leurs noms. C'est pourquoi j'utilise ici des prénoms fictifs, qui ont été choisis par les interlocuteurs eux-mêmes. Je précise aussi que je n'ai pas été autorisé à enregistrer ces entretiens, donc je me base sur les notes que j'ai prises pour les citer. Cette situation comporte certains risques d'erreur d'interprétation, mais j'ai proposé à mes interlocuteurs de relire les notes que j'avais prises durant l'entretien pour limiter ces risques.

3.2. VIA LINCOLN : ELEMENTS DE CONTEXTE

La Via Lincoln marque l'extrémité du quartier de la *Kalsa* au Sud. C'est une rue très importante et très fréquentée parce qu'elle relie la gare au bord de mer (voir carte 4.4 : Via Lincoln et environs). Son origine remonte à 1783, quand l'aplanissement de ce qui était alors le *Stradone Sant'Antonino* fut réalisé. La Via Lincoln, ainsi baptisée en 1865, se caractérise par la présence de nombreux jardins, dont les plus célèbres sont la *Villa Giulia*[109] et l'*Orto botanico*[110]. Après avoir été le fleuron de l'industrie du meuble, la crise qui a secoué cette activité à la fin des années 80 a provoqué une certaine dégradation de cette zone aussi bien d'un point de vue architectural, que d'un point de vue social. Mais la réhabilitation de divers monuments tout proches et la politique de revalorisation de la *Kalsa* a incité une partie de la classe moyenne palermitaine à s'y installer à partir de la fin des années 90. C'est durant cette même période que la communauté chinoise a massivement investi dans cette rue et dans ses environs pour y résider et y ouvrir de nombreux commerces. Cette rue se caractérise donc par une cohabitation du processus de gentrification et de l'implantation de commerces ethniques. Je propose donc de livrer une étude de cas spécifiquement consacrée à cette zone à travers une recherche à la fois quantitative et qualitative pour présenter la relation qui existe entre le processus de gentrification et l'installation de la communauté chinoise.

---

[109] Du nom de Giulia Guevara, la femme du vice-roi espagnol Marcantonio Colonna, la *Villa Giulia* est le premier jardin publique de Palerme, réalisé en 1778 par l'architecte Nicolò Palma.
[110] Le jardin botanique, réalisé en 1789, est propriété de l'Université de Palerme. L'édifice central sur la via Lincoln, le gymnase, a été projeté en 1789 par l'architecte Léon Dufourny, s'étant inspiré de l'architecture grecque

3.3. PRESENTATION DES RESULTATS : LA GENTRIFICATION DU SECTEUR DE VIA LINCOLN ET L'INSTALLATION DES COMMERCES CHINOIS

Cette étude de cas revient d'abord sur certaines caractéristiques du secteur étudié, qui tiennent surtout à un haut degré d'hétérogénéité qui se manifeste à différents niveaux. Ensuite, le développement du processus de gentrification est abordé en revenant sur les politiques de requalification et la structure du marché immobilier. Je ne reviens pas sur la transformation de la composition sociale des habitants, qui a déjà été évoquée dans le chapitre 2. Enfin, les modalités d'installation de la communauté chinoise sont évoqués et mises en parallèle avec le processus de gentrification.

3.3.1. L'hétérogénéité du périmètre étudié

Avant d'évoquer le processus de gentrification de la zone étudiée, je veux d'abord souliqner le fait que ce quartier se distingue par une forte hétérogénéité, qui se manifeste à différents niveaux :

- Au niveau urbanistique : la carte élaborée par le Ppe (voir carte 4.3 : Ppe Piazza Marina et Via Lincoln et environs) permet de constater une présence importante de bâtiments construits après la Deuxième Guerre Mondiale. Ces édifices côtoient aussi bien des bâtiments construits après le Prg de Giarrusso de 1886[111] que des palais et des monuments religieux qui ont été réhabilités en raison de leur valeur patrimoniale. Cette situation particulière donne à voir une architecture très hétéroclite et des bâtiments inégalement réhabilités. Par ailleurs, cette zone se distingue par la présence de nombreux espaces verts, comme *la Villa Giulia*, *l'Orto botanico* et la *Piazza Magione*.

- Au niveau de ses caractéristiques sociales : selon Marco Carapezza, la Via Lincoln possède une double identité. D'après lui, le secteur allant de Via Carlo Rao jusqu'à la mer (voir carte), qu'il nomme la partie « basse » de la rue, et la zone de Piazza Magione, connaît un afflux important de personnes issues des classes moyennes et supérieures. En revanche, le secteur compris entre *Via Carlo Rao* et la gare reste dans un état de dégradation architecturale et sociale (sur la distinction entre ces deux secteurs, voir carte 4.5 : Via Lincoln et environs, partie « haute » et partie « basse »). D'après lui, cette situation est relativement récente et contraste avec l'unité qui caractérisait cette rue précédemment : « *io credo che si stia verificando nella Via Lincoln, nella parte bassa della Via Lincoln una gentrificazione netta, cioè un ritorno massicio dei ceti agiati. Da qui* (il suo appartamento si trova all'angolo con Via Rao) *in poi invece, verso la stazione, la situazione di degrado rimane. Quindi è una strada che ha questa doppia identità, questi due aspetti che stanno avenendo contemporaneamente, è come una strada che sta divisa in due lati. [...] Mentre era una strada fortemente unitaria,[...] ora è una strada che sta in qualche modo perdendo la sua unità, a favore di questo doppio fenomeno in corso nella strada.* »[112]. Cette situation est confirmée par les nombreuses observations que j'ai effectuées dans le quartier et qui m'ont permis de constater l'extrême hétérogénéité sociale de cette

---

[111] Le *Piano regalatore generale* élaboré par Giarrusso en 1886 est le premier plan urbanistique de la ville de Palerme.

[112] « Je crois qu'un processus de gentrification se vérifie nettement dans la partie basse de Via Lincoln, un retour massif des couches aisées de la population. D'ici (*son appartement se situe au croisement avec Via Rao*) vers la gare, la situation de dégradation reste. Donc c'est une rue qui a cette double identité, ces deux aspects qui adviennent en même temps, c'est comme une rue qui serait divisée en deux parties. Si c'était une rue fortement unitaire auparavant, maintenant elle est en train de perdre son unité, en faveur de ce double phénomène en cours dans la rue. »

zone. Comme le relève Marco Carapezza, cette hétérogénéité est néanmoins distribuée inégalement dans l'espace, la partie basse de Via Lincoln ainsi que la zone de *Piazza Magione* étant considérées comme attractives pour les couches aisées de la population, alors que la partie haute de Via Lincoln est perçue comme un secteur dégradé dans lequel vivent les couches populaires. Les données fournies par *l'Ufficio Statistica del Comune* sur les professions exercées par la population résidant dans ce quartier permettent effectivement de constater certaines inégalités à l'échelle des unités d'habitation. Malheureusement, ces données ne sont pas récentes puisqu'elles ne sont disponibles que pour l'année 2001. La carte que j'ai élaborée permet néanmoins de constater que la partie basse de Via Lincoln et la zone de *Piazza Magione* comptaient une proportion de personnes exerçant une profession libérale[113] équivalente à 23,6 % de la population active totale, alors qu'elle s'élevait à 12,8 % pour la partie haute de Via Lincoln (voir carte 4.6 : Via Lincoln et environs, proportion de la population exerçant des professions libérales). Je rappelle ici que cette carte ne doit pas être considérée comme un document officiel étant donné que la délimitation des périmètres étudiés est de ma responsabilité. De plus, le choix de la profession comme indicateur du niveau social des habitants peut s'avérer discutable. Néanmoins, il a été utilisé dans diverses études (Atkinson, 2000) et fournit certaines indications concernant la composition sociale des habitants.

* Au niveau des rythmes urbains : cette zone est fréquentée de manière très différenciée en fonction des activités diurnes et nocturnes. De jour, les relations économiques entre les commerçants (majoritairement chinois) et leur clientèle rythment la vie de la Via Lincoln alors que la *Piazza Magione* et la *Via dello Spasimo* apparaissent quasiment déserts. De nuit, les activités culturelles et de divertissement voient un autre type de population investir ces espaces. En été, les activités liées au festival *Kals'Art* voient une population attirée par les animations culturelles converger vers le *Spasimo* et la *Piazza Magione*, qui est devenue un point de rassemblement important de la jeunesse palermitaine. La Via Lincoln occupe une place importante dans ces espaces marqués par les activités culturelles et le divertissement parce qu'elle en est une des portes d'entrée et de sortie. De plus, un bar situé dans cette rue est devenu l'un des points de référence des nuits palermitaines : le bar *Touring*, qui possède la particularité d'ouvrir ses portes à partir de trois heures du matin, propose à ses clients nocturnes une restauration faite de pâtisseries typiquement siciliennes.

3.3.2. La gentrification de la zone de Via Lincoln

3.3.2.1. Les politiques publiques de requalification

Cette zone se caractérise donc par ses contrastes, mais le processus de gentrification entamé dans ce quartier correspond aussi à la politique de revalorisation territoriale menée à travers le festival *Kals'Art* et aux opérations de réhabilitation du bâti menées par les administrations Cammarata et Orlando. Leoluca Orlando a en effet été à l'origine de la réouverture de l'église *Santa Maria dello Spasimo* en 1996, reconvertie en un bâtiment à vocation culturelle. La *Piazza Magione*, totalement dévastée après les bombardements de 1943 et le tremblement de terre de 1968, a été transformée en un parc à l'anglaise en l'an 2000 par l'administration

---

[113] Les données fournies par *l'Ufficio statistico del Comune* issues du recensement de la population effectué en 2001 distinguent quatre catégories de professions : Entrepreneurs et professions libérales (*Imprenditori e liberi professionisti*), travailleurs indépendants (*lavoratori in proprio*), collaborateurs (*coadiuvanti*) et employés (*lavoratori dipendenti*). J'ai choisi les deux premières catégories de professions pour les regrouper sous le terme « professions libérales ».

Orlando. La réhabilitation de toute cette partie du quartier de la *Kalsa* est fortement liée à l'organisation de la « Convention internationale contre le crime organisé transnational » sous l'égide des Nations Unies, qui s'est tenue du 12 au 15 décembre 2000 à Palerme. L'organisation de cette Convention peut être considérée comme un de ces moments particuliers où la ville se réinvente et tente de modifier sa perception à l'étranger en effaçant l'image qui la disqualifie dans la compétition économique que se livrent aujourd'hui les métropoles. A Palerme, l'organisation de cette manifestation n'a pas donné lieu à de vastes aménagements urbains mais à des travaux d'embellissement (ravalement des façades des monuments publics, restauration des principaux monuments), d'illumination publique, de décoration et de nettoyage, dont cette partie du quartier de la *Kalsa* a bénéficié. La réhabilitation de la Piazza Magione, inaugurée quelques jours auparavant (le 8 décembre 2000), a d'ailleurs été réalisée grâce aux fonds mis à disposition à l'occasion de l'organisation de cette Convention.

Par ailleurs, la *Via Lincoln* était fortement associée à la prostitution avant l'organisation de la Convention. La mauvaise réputation de *Via Lincoln* liée à son statut de rue de la prostitution pouvait être considérée comme un frein important à la gentrification. White et Winchester relèvent l'importance de la réputation d'un quartier dans le développement du processus : «*The reputation of a district may militate against upgrading [...] residential areas can be labeled in a way which neutralizes any political desire for change or improvement, but possibly more common are the restrictive labels attached to « vice » areas, of which red-light districts would be the most notable examples.*» (White et Winchester, 1991 :37). Mais les deux auteurs ajoutent que ce type de quartier peut connaître le développement du processus de gentrification sous la pression de changements économiques ou d'objectifs politiques : « *such areas will be vulnerable to upgrading stimulated by changes in economic pressures or political objectives*» (White et Winchester, 1991 : 38). La partie basse de Via Lincoln représente un exemple emblématique de ce processus puisque les objectifs politiques liés à l'organisation de la Convention internationale contre le crime organisé transnational ont poussé les autorités à « nettoyer » ce quartier de la prostitution. Marco Carapezza note que l'organisation de cette Convention s'est accompagnée d'une surveillance policière accrue à l'égard des prostituées de la partie basse de Via Lincoln, ce qui les a contraintes à se déplacer vers les quartiers jouxtant la gare centrale : « *Prima, stavano verso Villa Giulia ed era proprio una concentrazione di prostitute altissima, veramente molto alta. Poi le hanno tolte da lì. Cominciò la polizia ad andarci in continuazione, essenzialmente quando ci fu la grande conferenza sulla criminalità dell'ONU a Palermo e hanno fatto certi tipi di lavori. Cominciò la polizia a passare e da lì se ne sono andate. E si sono sparpagliate un po nella parte alta di Via Roma, e nelle strade adiacenti, la parte verso la stazione di Via Roma.* »[114]. Ces observations sont très intéressantes car elles révèlent le déplacement de la prostitution en fonction d'objectifs stratégiques poursuivis par la Commune. La transformation de cet espace s'accompagne de la disparité qu'il existe aujourd'hui entre la partie basse de Via Lincoln, qui ne compte plus de prostituées et la partie haute de cette rue, qui reste associée à la prostitution.

La *Piazza Magione* constitue un autre exemple « d'embellissement » réalisé pour la mise en œuvre de la Convention, mais le jardin devait devenir par la suite un lieu de rencontre et de socialisation, comme le relève Leoluca Orlando dans le communiqué de presse de l'administration communale du 8 décembre 2000 : « *Il recupero di Piazza Magione si aggiunge a quelli ormai conseguiti da tempo, di altri spazi verdi nel centro storico, a conferma del fatto che il miglioramento della qualità della vita dei cittadini va realizzato non solo con*

---

[114] « Avant, elles étaient près de Villa Giulia et il y avait une concentration de prostituées vraiment très élevée. Ensuite, ils les ont déplacées. La police a commencé à y aller constamment, surtout quand il y a eu la Convention sur la criminalité organisée par l'ONU à Palerme, et ils ont fait certains types de travaux. La police a commencé à passer et elles sont parties de là. Et elles se sont éparpillées un peu vers la partie haute de Via Lincoln, vers la partie haute de Via Roma et dans les rues adjacentes, la partie vers la gare de Via Roma. »

nuove case, ma anche creando nuovi luoghi di incontro e di aggregazione. » (communiqué de presse de l'administration communale du 8 décembre 2000 : http://www.comune.palermo.it/Comune/Avvisi/2000/Dicembre/08.htm). Mais durant les années successives, la *Piazza Magione* n'est pratiquement pas utilisée et ne connaît pas le développement souhaité par l'administration Orlando. Ce constat apparaît chez plusieurs de mes interlocuteurs, notamment chez Salvatore Cavalleri : « *Però dopo che viene fatto questo prato all'inglese, in cui si restituisce questa passegiata alla città, di fatto Piazza Magione non viene mai utilizzata, a Piazza Magione non succede mai niente.* »[115] . Néanmoins, la situation change lorsque l'administration Cammarata décide d'en faire un pôle important du festival *Kals'Art*, à partir de l'été 2004. Pour Salvatore Cavalleri, cet événement a marqué un tournant important dans le rôle nouveau assigné à cette zone, qui est devenue un point d'agrégation pour les palermitains mais auquel les anciens habitants ne participent pas : « [Non succede niente] *Fino a quando, fino a due estati fa in cui [...] il nuovo sindaco Cammarata decide di investire sul quartiere della Kalsa e organizza questi eventi culturali, che sono Kals'Art, in cui quest'anno c'è il terzo anno. In qualche modo, c'è questa ripulitura del centro storico, facendo questi grandi eventi, queste grosse mostre, in qualche modo però totalmente sconnesse da chi abitava la zona* »[116]. L'organisation du festival *Kals'Art* a donc marqué un changement de statut important dans cette zone, qui connaît un processus de gentrification plus récent que celui de *Piazza Marina*.

3.3.2.2. L'évolution du marché immobilier

Les agences immobilières ont tendance à considérer le quartier de la Kalsa comme une zone unique, pour laquelle les valeurs immobilières sont plus élevées que dans le reste du centre historique[117]. Giovanni Mendola explique que les données immobilières relatives à la zone de *Piazza Marina* concernent tout le quartier de la *Kalsa* mais selon lui, la zone de *Piazza Magione* est encore dans une phase de réhabilitation, même si elle est considérée comme une zone attractive : « *Piazza Magione, questo fa parte anche della Kalsa, noi li consideriamo come una unica zona, fino a Via Lincoln. Questa Piazza Magione che arriva fino alla Kalsa lì ancora... è una zona di preggio, come la parte bassa di Via Lincoln che sbocca sul mare, anche se Piazza Magione è ancora in fase di ristrutturazione quindi ci sono ancora qualche cosa che devono essere ristrutturati* »[118]. Il est intéressant de constater que Giovanni Mendola distingue aussi la partie basse de *Via Lincoln*, qui est considérée par les agents immobiliers comme une zone prestigieuse au même titre que le reste du quartier de la *Kalsa*. L'évolution du marché immobilier dans le périmètre étudié est donc comparable à celle du quartier de *Piazza Marina* et se caractérise par une augmentation de la valeur immobilière des édifices supérieure à celle que connaît l'ensemble du centre historique.

Le périmètre étudié connaît un processus de gentrification qui est plus récent que celui qui caractérise la zone de *Piazza Marina*, mais les mêmes composantes du processus ont été observées : une réhabilitation du bâti, une augmentation de la valeur immobilière, une

---

[115] « Mais après que ce parc à l'anglaise a été réalisé, où on restitue cette promenade à la ville, de fait Piazza Magione n'est jamais utilisée, il ne s'y passe jamais rien. »
[116] « [Il ne se passe jamais rien] jusqu'à il y a deux ans, quand le nouveau maire Cammarata décide d'investir sur le quartier de la Kalsa et organise ces événements culturels que sont Kals'Art, qui en est à sa troisième année. En quelque sorte, il y a un nettoyage du centre historique, en organisant ces grands événements, ces grandes expositions, mais qui sont en quelque sorte totalement déconnectés de ceux qui habitaient la zone. »
[117] Je renvoie le lecteur au chapitre 2 de ce travail, qui propose une étude complète de l'évolution du marché immobilier pour tout le centre historique.
[118] « Piazza Magione fait partie de la Kalsa, nous la considérons comme une zone unique, jusqu'à Via Lincoln. Cette Piazza Magione, qui arrive jusqu'à la Kalsa, là c'est encore une zone prestigieuse, comme la partie basse de Via Lincoln, qui débouche sur la mer, même si Piazza Magione est encore en phase de réhabilitation donc il y a encore certaines choses qui doivent être réhabilitées. »

transformation de la composition sociale des habitants et l'émergence de nombreuses activités culturelles et de divertissement qui en font une zone particulièrement animée. Cependant, une distinction doit être opérée entre la partie « basse » de *Via Lincoln*, qui connaît le développement du processus de gentrification et la partie « haute », qui ne peut pas être véritablement considérée comme telle. Parallèlement au développement du processus de gentrification, la communauté chinoise s'installe dans cette zone et son implantation se caractérise par l'ouverture de nombreux commerces. Dans le chapitre suivant, je décris les modalités d'installation des commerces chinois dans ce quartier et je tente de les rattacher au développement du processus de gentrification.

3.3.3. Caractéristiques de la communauté chinoise présente dans la zone de Via Lincoln

Dans ce chapitre, je reviens sur certains éléments qui caractérisent la présence de la communauté chinoise dans le secteur de la *Via Lincoln*. Tout d'abord, j'évoque la résidence des migrants chinois et les aspects démographiques qui distinguent cette communauté. Puis j'aborde la question des activités commerciales, qui représente une dimension fondamentale de leur présence.

3.3.3.1. Distribution spatiale des migrants chinois et aspects socio-démographiques

Le tableau présenté ci-dessous permet de constater l'évolution de la présence des migrants chinois dans la zone de Via Lincoln et de la comparer avec celle du reste du centre historique. Ce tableau permet de constater deux phénomènes importants en ce qui concerne les migrants chinois dans le centre historique :

- Premièrement, leur nombre augmente de manière significative.

- Deuxièmement, les migrants chinois présentent une tendance à la concentration résidentielle très nettement identifiable.

Tableau 4.6. : Evolution de la présence des migrants chinois dans la zone de Via Lincoln, dans le mandamento Tribunali-Kalsa et dans le centre historique entre 2001 et 2005

	Présence en 2001	Présence en 2005
Périmètre étudié	12	146
Total *Mandamento Tribunali-Kalsa*	39	181
Total centre historique	59	254

Source : Ufficio statistico del Comune, dati elaborati dall'Anagrafe 2001 et 2005

Ces deux phénomènes ne sont pas étonnants si on les compare avec les autres villes d'Italie, dans lesquelles les mêmes caractéristiques ont été observées (Gentileschi, 2003). La tendance à la concentration des migrants chinois est liée aux activités commerciales qu'ils exercent, comme nous le verrons par la suite et l'augmentation de leur présence correspond à une tendance générale en Italie (Dossier Caritas Migrantes, 2005). Les chiffres publiés par l'*Osservatorio sulla condizione sociale della Città di Palermo* confirment la tendance des migrants chinois à la concentration résidentielle. Sur un total de 686 résidents chinois dans l'ensemble de la ville en 2005, 418 résident dans la zone de la gare. Par ailleurs, le tableau présenté ci-dessus permet aussi de constater que l'immigration chinoise à Palerme est un phénomène relativement récent, qui date du début des années 2000.

Les caractéristiques démographiques de la population chinoise résidant dans le centre historique de Palerme révèlent le caractère relativement jeune de cette population et une relative parité entre les hommes et les femmes. Anna, qui est vendeuse dans le magasin de ses parents, m'a affirmé que les résidents chinois de Palerme sont pour la plupart venus en famille, ce que laisse supposer la quasi parité entre le nombre d'hommes et de femmes pour la tranche d'âge 18-39 ans.

Tableau 4.7. : Résidents chinois du centre historique répartis selon les tranches d'âge et le sexe (2005)

	0-17 ans	18-39 ans	40-64 ans	> 65 ans	Total
Hommes	42	68	35	2	147
Femmes	35	52	19	1	107
Total	77	120	54	3	254

Source : Osservatorio sulla condizione sociale della città di Palermo, 2005

D'après les propos de Mario et Anna, les membres de la communauté chinoise résidant à Palerme proviennent dans leur grande majorité d'une même région de Chine, la province du Sichuan. Cette situation implique selon mes interlocuteurs un haut degré de cohésion à l'intérieur de cette communauté, qui se matérialise par une concentration spatiale que les autres communautés ne connaissent pas. Mario insiste sur cet aspect : « *Noi veniamo tutti della provincia di Sichuan e cerchiamo di essere sempre vicini perché passiamo da un negozio all'altro e ci conosciamo un pò tutti* »[119]. La cohésion de ce groupe se manifeste surtout au niveau économique et implique diverses pratiques de solidarité comme l'utilisation fréquente de la tontine[120] pour acquérir des locaux et monter des entreprises. Mario a lui-même eu recours à ce principe pour ouvrir son magasin et affirme que cette pratique est très courante dans la communauté chinoise. Malgré ce haut degré de cohésion, le groupe chinois présent à Palerme se distingue des autres communautés immigrées parce qu'il ne possède pas d'association qui le représente vis à vis des institutions[121]. Karen Basile relève cet aspect particulier qui caractérise la communauté chinoise : « *non hanno un associazione che li rappresenta. Cioè, laddove le altre comunità non chiedono di meglio di essere conosciute, loro no.* »[122]. Le discours de Karen Basile révèle une perception largement répandue à l'égard de la communauté chinoise présente à Palerme, qui est considérée comme un groupe fermé à la société d'accueil. Cettina Genovese relève que les différentes associations de soutien aux migrants n'ont pas de contacts avec cette communauté qui, selon elle, ne demande pas à être connue : « *con i Cinesi non abbiamo nessun tipo di rapporto, la comunità cinese è una comunità molto chiusa e tra l'altro obiettivamente non ci tengono nemmeno tanto* »[123]. La difficile question de l'intégration est évoquée par la plupart de mes interlocuteurs concernant la communauté chinoise. Pour Karen Basile, ce groupe n'est pas intégré socialement et cette situation contribue à donner une mauvaise réputation du groupe chinois aux yeux de la population : « *Sono visti male perché non si integrano, sono visti male perché non li conosciamo. Tutto ciò che conosciamo, lo capiamo, anche se non condividiamo. Possiamo non*

---

[119] « Nous venons tous de la province de Sichuan et on essaie d'être toujours près les uns des autres parce qu'on passe d'un magasin à l'autre et on se connaît un peu tous. »

[120] la tontine est un système d'investissement dans lequel chaque souscripteur verse une somme dans un fonds et touche les dividendes du capital investi.

[121] La situation a changé depuis le 31 décembre 2006, date à laquelle a été fondée l'association « *Cinesi d'Oltremare* » par 24 entrepreneurs chinois. (*La Repubblica*, édition de Palerme, 31 janvier 2007)

[122] « Ils n'ont pas d'association qui les représente. Là où les autres communautés ne demandent rien de mieux que d'être connues, eux ne le veulent pas. »

[123] « Avec les Chinois, nous n'avons aucun type de rapport, la communauté chinoise est une communauté très fermée et par ailleurs, ils ne tiennent pas tellement à avoir ces contacts. »

essere d'accordo ma lo capiamo. Quello che non conosciamo, per noi è un pericolo. »[124]. Il est vrai que les contacts avec les migrants chinois ne sont pas aisés à établir, j'en ai moi-même fait l'expérience puisque j'ai éprouvé les pires difficultés à trouver des interlocuteurs issus de cette communauté. Pour Mario, cette relative fermeture constitue un aspect de la culture chinoise, qui s'oppose en cela à la culture occidentale : « *Noi siamo solo molto riservati, abbiamo pudore dei fatti nostri. Sono gli occidentali ad essere invadenti e a confondere l'amicizia e gli affari. Ecco perché non abbiamo amici italiani, solo clienti.* »[125]. Comme le laisse entendre Mario, les contacts avec la société d'accueil sont essentiellement basés sur les relations commerciales. Cet aspect de la relation entre la communauté chinoise et la société palermitaine invite à se montrer prudent quant à la fermeture réelle ou imaginée du groupe chinois. Il est possible de considérer avec Emmanuel Ma Mung que la relation entre les groupes immigrés et la société d'accueil se fait par « *une négociation symbolique des identités* » qui se fait à travers « *un échange de messages et de signes qui disent quelque chose sur la présence de l'autre (le groupe pour la société d'accueil, la société d'accueil pour le groupe)* » (Ma Mung, 1999 :152). Dans ce contexte, le vecteur de cette négociation des identités constitue du point de vue du groupe chinois l'image de l'entrepreneuriat. Selon Ma Mung, « *en l'absence d'institutions suffisamment représentatives (associations) qui négocieraient la place du groupe dans la cité, ce sont donc les figures les plus visibles qui conduisent cette négociation mais de manière indirecte, non déterminée dans un projet explicite. Ces figures sont dans le cas des Asiatiques les commerçants, les restaurateurs, etc. Un des vecteurs de la négociation des identités est donc constitué par les commerçants et plus largement les entrepreneurs qui sont en contact et qui* « *trafiquent* » *avec la société d'accueil.* » (Ma Mung, 1999 :153). Cette situation peut s'appliquer au cas des migrants Chinois présents à Palerme, qui ne possèdent pas d'association mais qui sont très présents dans le secteur des activités commerciales, et sont ainsi en contact avec la société d'accueil en proposant l'image de l'entreprenarialité. Cette manière d'aborder la relation que les migrants chinois peuvent avoir avec la société palermitaine est sans doute plus féconde que de la considérer uniquement sur une supposée fermeture de ce groupe, qui ne se manifeste pas dans toutes les situations comme on le verra dans le chapitre suivant consacré aux activités commerciales de la communauté chinoise.

3.3.3.2. Les activités commerciales des migrants chinois dans la zone de Via Lincoln : territorialisation, marquage de l'espace et modalités d'installation

La présence des migrants chinois se matérialise par une forte implantation des activités commerciales. Cette constatation n'est pas spécifique à la ville de Palerme et concerne l'ensemble de la diaspora chinoise, comme le relève Ma Mung (1999 : 146) : « *[...] le groupe chinois semble être organisé selon un principe entrepreneurial (Ma Mung 1994a et b) [...] on retiendra que de ce fait, une part importante des revenus de la population viennent, qu'ils soient patrons ou salariés, des entreprises chinoises et qu'ainsi une assez forte proportion (certes difficile à mesurer) de cette population leur est organiquement liée.* ». A Palerme, ce principe entrepreneurial a un effet important sur la localisation des entreprises, qui sont toutes concentrées dans la zone de la gare centrale et de la Via Lincoln. Ma Mung (1996 : 148) parle de « *territoires marchands centraux* » pour désigner ces agrégations de commerces chinois, qui participent d'une « *territorialisation à travers une* « *appropriation signifiante de l'espace* » » (Ma Mung, 1999 : 146). Les concepts de territorialisation et d'appropriation

---

[124] « Ils sont mal vus parce qu'ils ne s'intègrent pas, ils sont mal vus parce que nous ne les connaissons pas. Tout ce que nous connaissons, nous le comprenons, même si nous ne le partageons pas. On peut ne pas être d'accord, mais on le comprend. Ce que nous ne connaissons pas, pour nous c'est un danger. »

[125] « Nous sommes très réservés et sommes pudiques. Ce sont les Occidentaux qui sont envahissants et confondent l'amitié et les affaires. Voilà pourquoi nous n'avons pas d'amis italiens, seulement des clients »

signifiante de l'espace sont particulièrement appropriés et féconds pour aborder la concentration de commerces chinois dans la zone de Via Lincoln, c'est pourquoi je propose de l'aborder à l'aune de ces concepts. Selon Ma Mung (1999 :158), « *la territorialisation signifie* [la] *mise en place d'un territoire et induit, comme dans le sens courant, l'idée d'une propriété sur un espace. Propriété au sens large : faire sien un espace.* ». Cette notion implique deux dimensions liées entre elles qui s'appliquent parfaitement au cas des commerçants chinois de la zone de *Via Lincoln.*

- D'abord, la territorialisation s'effectue par un « *marquage de l'espace par le biais de signes que l'on dispose ou encore par l'attribution de sens différents à des signes qui sont déjà là.* ». Les commerces chinois de la zone de Via Lincoln sont très facilement identifiables parce qu'ils comportent tous (sans exception) une ou plusieurs lanternes rouges à leur entrée. Pour Mario (commerçant chinois de la *Via Lincoln*), ces lanternes sont disposées pour faire comprendre à tout le monde qu'il s'agit d'un commerce chinois : « *Cosi tutti capiscono che è un negozio cinese. E un modo per distinguersi e per affermare la nostra identità cinese.* »[126]. Outre la présence des lanternes, les enseignes des commerces affichent dans la grande majorité des cas l'appartenance à la communauté chinoise à travers la présence de caractères typographiques chinois.

- Comme le laisse entendre le discours de Mario, ce marquage de l'espace a la fonction d'un signal, envers les membres du même groupe, mais aussi vis à vis de la société d'accueil. En ce sens, la zone de Via Lincoln est considérée aussi bien par les Chinois que par la société d'accueil comme un territoire chinois. Selon Anna (vendeuse chinoise dans un magasin de la Via Lincoln) « *questa zona viene considerata dai cinesi come un pezzo del loro paese.* »[127]. De la même manière, mes interlocuteurs considèrent tous cette zone comme un territoire chinois, comme en témoigne cette phrase de Cettina Genovese : « *Se tu fai tutta la zona della stazione, Via Lincoln, quella è tutta Cina* »[128]. A cela, on peut ajouter le fait que les médias utilisent volontiers le terme de « *Chinatown di Palermo* » pour désigner cet espace (*La Repubblica*, édition de Palerme, 04/11/04 ; 31/01/07). Cette situation est donc tout à fait comparable à celle que décrit Ma Mung dans le cas de Paris, où « *on peut dire que d'une certaine façon, territoires assignés et territoires revendiqués sont ici les mêmes* » (Ma Mung, 1999 :149).

Il apparaît donc clair que l'installation des commerces chinois dans la zone de Via Lincoln s'apparente à un processus de territorialisation, marqué par des signes distinctifs que sont les lanternes rouges à l'entrée des magasins et la présence de caractères typographiques chinois sur les enseignes. Mais ce processus de territorialisation, avant d'être marqué par des signes, correspond évidemment à une appropriation foncière. D'après les témoignages de mes interlocuteurs, le début de l'implantation des commerces chinois dans la zone de Via Lincoln date de l'an 2000. En cela, ce processus correspond à une initiative menée par l'administration Orlando qui a abouti le 13 juin 2000 par l'ouverture d'un office chargé de faciliter les relations économiques et culturelles entre Palerme et la province de Sichuan en Chine. Dans son communiqué de presse, l'administration communale évoque l'objectif principal de cette initiative, qui vise à soutenir aussi bien les entrepreneurs siciliens à s'installer en Chine que les entrepreneurs de la province de Sichuan à investir à Palerme. Sur le site officiel de la Commune, on peut lire ceci : « *Uno sportello informativo come strumento di sostegno, di supporto e di dialogo per imprenditori, studiosi e per tutti coloro i quali intendono indirizzare le proprie attività verso la Cina. Ma anche per imprenditori cinesi della provincia di Sichuan*

---

[126] « Comme ça tout le monde comprend qu'il s'agit d'un magasin chinois. C'est un moyen pour se distinguer et pour affirmer notre identité chinoise. »
[127] « Cette zone est considérée par les Chinois comme un bout de leur pays. »
[128] « Si tu prends la zone de la gare, Via Lincoln, là ce sont tous des Chinois »

che vorrebbero investire a Palermo.» (communiqué de presse du 13 juin 2000, http://www.comune.palermo.it/Comune/Avvisi/2000/Giugno/13.htm). Comme le confirme Mario, cette initiative a facilité l'implantation des commerces chinois dans la zone de Via Lincoln, les investisseurs s'étant trouvés soutenus par la Commune dans la recherche de locaux, notamment : « *Con questa iniziativa è stato più facile per noi aprire negozi, perché lo sportello ha dato dei consigli per trovare dei locali* »[129]. Mario et Anna relèvent par ailleurs que la totalité des commerçants chinois de la zone de Via Lincoln proviennent de la province de Sichuan, qui a bénéficié de ce programme. Il est donc possible de mettre en parallèle l'implantation des commerces chinois dans ce secteur avec les politiques publiques menées par l'administration Orlando, qui visaient une internationalisation des entreprises, comme en témoigne cette phrase de l'assesseur aux activités productives de l'époque, Elio Bonfanti : « *Fra i nostri obiettivi - ha detto l'assessore Bonfanti - c'è sicuramente l'internazionalizzazione delle imprese* » (communiqué de presse de l'administration communale du 13 juin 2000, http://www.comune.palermo.it/Comune/Avvisi/2000/Giugno/13.htm).

La zone de Via Lincoln est devenue depuis le début des années 2000 le pôle de localisation des activités commerciales des Chinois. Cette situation peut être expliquée par deux facteurs principaux :

- Les commerçants chinois recherchent la proximité avec les couloirs de circulation de personnes, de biens, de services, d'informations et d'argent que sont les gares centrales. Cette situation est commune à toutes les villes italiennes et s'explique notamment par le statut important du commerce en gros dans le dispositif entrepreneurial de la communauté chinoise. La proximité de la gare centrale permet d'acheminer plus facilement le matériel vers les magasins, mais également de le distribuer plus aisément, car les commerçants chinois sont devenus depuis quelques années les principaux fournisseurs des marchands ambulants. Cettina Genovese évoque ce changement dans la structure du commerce ambulant, qui auparavant était tenu par une partie de la communauté marocaine : « *c'è stato un periodo che i Marocchini [...] erano un po loro a detenere il commercio. Ora la cosa divertentissima è che i Marocchini comprano dai Cinesi, che hanno cambiato in qualche modo la struttura del commercio ambulante perché sono loro adesso che vendono le merci ai commercianti ambulanti* »[130].

- D'autre part, les premiers commerçants chinois sont arrivés à une période durant laquelle de nombreux commerces fermaient dans la Via Lincoln, qui était secouée par la crise que connaissait l'industrie du meuble. Dans cette situation, la méthode utilisée par les entrepreneurs chinois pour reprendre le contrat de location est celui de la succession. Giovanni Mendola, responsable de l'agence immobilière *Zonacasa*, explique ce procédé qu'il a souvent pu vérifier dans son travail : « *spesso subentrano nei contratti di locazione già esistenti, quindi il persone vanno via, chi già c'è l'ha e loro subentrano nel contratto di locazione. Quindi per dire ho un negozio, l'ho affittato, mi va male e il proprietario mi deve dare la liquidazione per andare via. E invece di darla diciamo all'inquilino, questa liquidazione la dà per dire a chi compra... chi subentra nel contratto di locazione. Il proprietario poi l'affitta ai cinesi e l'inquilino va via tranquillamente con la sua liquidazione.* »[131]. Selon Karen Basile, journaliste à la

---

[129] « Avec cette initiative, c'est devenu plus facile pour nous d'ouvrir des magasins, parce que le bureau a donné des conseils pour trouver des locaux »
[130] « Il y a eu une période où les Marocains détenaient un peu le commerce. Maintenant, la chose drôle est que les Marocains achètent chez les Chinois, qui ont en quelque sorte changé la structure du commerce ambulant parce que maintenant ce sont eux qui vendent la marchandise aux commerçants ambulants. »
[131] « Souvent, ils succèdent aux contrats de location déjà existants, donc les personnes s'en vont et eux reprennent les contrats de location. Donc par exemple, j'ai un magasin, je l'ai loué et il ne me rapporte pas assez, le

Repubblica et responsable du centre d'assistance pour les immigrés *UIL Immigrazione*, de nombreux migrants Chinois acquièrent des locaux aux enchères : « *molto spesso comprano alle asse giudiziarie, per esempio io perdo il mio negozio, vado in bancarotte, in fallimento. E quindi metto il mio negozio in vendità. I Cinesi pagano l'avvocato, che compra, alle asse si compra in contanti... quindi hanno i loro avvocati, palermitani, che comprano e trasferiscono alla proprietà dei Cinesi.* »[132]. Cette information est à manier avec prudence, mais elle m'a été confirmée autant par Mario (commerçant chinois de Via Lincoln) que par Anna (vendeuse dans le magasin tenu par ses parents), qui sont dans chacun des cas propriétaires de leurs locaux. Il est donc possible de penser que dans ce contexte, les entrepreneurs chinois ont pu acquérir de nombreux locaux dans la Via Lincoln, qui se vidait de ces commerces au début des années 2000.

La présence de la communauté chinoise à Palerme est donc marquée par un processus de « *territorialisation marchande* » (Ma Mung, 1999) qui s'est développé récemment et dans une zone qui se caractérise aujourd'hui par de nombreuses transformations liées au phénomène de gentrification. Le processus d'appropriation de l'espace par la présence d'activités commerciales est aussi le signe d'un enracinement de la communauté chinoise dans le tissu urbain. Mes deux interlocuteurs ont affirmé qu'ils avaient l'intention de rester à Palerme et que c'était le cas de la majorité des migrants chinois. Tout indique que la présence des migrants chinois à Palerme s'inscrira dans la durée. Cette volonté de stabilité est liée à l'ancrage que représentent les activités commerciales, qui ont tendance à augmenter de manière significative, comme le confirme Julo Cosentino, président de la *Confcommercio Sicilia* dans un article de *La Repubblica* datant de mars 2005 : « *Il fenomeno dell'espansione delle attività commerciali da parte di cinesi non è nuovo e coinvolge anche il resto d'Italia ma in questo ultimo anno e mezzo c'è stata un'intensificazione della presenza di questi esercizi* »[133] (Silvia Iacono, *La Repubblica*, édition de Palerme, 09/03/05). Par ailleurs, Giovanni Mendola constate que les commerçants chinois ne revendent pas leurs magasins : « *Mai finora, cioè a me non è mai capitato che dei Cinesi vendessero nel mercato i loro posti, i loro negozi. Cioè sicuramente venderanno ma non vanno nel mercato, rimangono fuori. Cioè sono altri Cinesi che comprano, si crea una specie di storia di loro* »[134]. Ce type d'informations, même si elles sont toujours difficiles à vérifier, incitent à penser que l'installation des commerces chinois participe d'un processus de territorialisation marchande qui est destiné à s'inscrire dans la durée. Mais l'ancrage des résidents chinois à Palerme est aussi dû au fait qu'ils sont pour la plupart venus en famille. Cette situation se vérifie dans les écoles de la ville, qui comptent un nombre d'élèves chinois de plus en plus important, comme en témoigne un article de *La Repubblica* datant du 13 septembre 2006: « *In appena due anni, negli istituti della provincia di Palermo, gli alunni di nazionalità cinese sono più che raddoppiati* [...] *I dati si riferiscono all'anno scolastico appena concluso, il 2005-2006, e l'anno che comincia lunedì si*

---

propriétaire doit me donner la liquidation pour m'en aller. Et à la place de la donner au locataire, il la donne à qui succède au contrat de location. Le propriétaire loue ensuite aux chinois et le locataire peut s'en aller tranquillement avec sa liquidation. »

[132] « Très souvent ils achètent aux enchères, par exemple, je perds mon magasin, je suis en banqueroute, en faillite. Et donc je mets mon magasin en vente. Les Chinois paient l'avocat, qui achète, aux enchères on paie comptant... et donc ils ont leurs avocats palermitains, qui achètent et qui transfèrent à la propriété des Chinois. »

[133] « Le phénomène de l'expansion des activités commerciales de la part des Chinois n'est pas nouveau et implique aussi le reste de l'Italie mais durant cette dernière année et demie, il y a eu une intensification de la présence de ces magasins »

[134] Jamais, jusqu'à présent, enfin à moi ça ne m'est jamais arrivé que des Chinois vendent leurs magasins sur le marché. Bon, sûrement qu'ils vendent, mais ils ne vont pas sur le marché, ils restent en dehors. Donc ce sont d'autres Chinois qui achètent, il se crée une espèce d'histoire à eux. »

preannuncia con una presenza ancora più massiccia. »[135] (Salvo Intravia, *La Repubblica*, édition de Palerme, 13/09/06). Les écoles concernées par ce phénomène sont celles de la zone de Via Lincoln, comme le confirme l'article de Salvo Intravia qui relève que plus de la moitié des élèves chinois étudient dans les six écoles présentes dans ce secteur : « [...] *Queste sei scuole, da sole, ospitano più della metà degli alunni cinesi di tutta la provincia.* »[136]. Parallèlement à ce phénomène, ce secteur connaît le développement d'un processus de gentrification. Il s'agit dès lors de comprendre les relations qui existent entre ces deux phénomènes.

3.3.4. Les relations entre la gentrification et la présence des commerçants chinois dans la zone de Via Lincoln

Après avoir connu une longue période de dégradation, la zone de Via Lincoln connaît un développement du processus de gentrification qui est dû principalement aux politiques menées par les administrations Orlando et Cammarata. Parallèlement au développement de ce processus, les migrants chinois se sont installés dans cette zone et y ont ouvert de nombreux commerces. Dès lors, la question principale qui se pose consiste à savoir quelles sont les relations qui se développent entre le processus de gentrification et l'apparition de ce « *territoire marchand* » chinois, pour reprendre le terme utilisé par Ma Mung (1999 :145).

Comme nous l'avons vu, le processus de territorialisation des commerces chinois a été rendu possible notamment par le fait que cette zone connaissait une période de dégradation qui se manifestait par la fermeture de nombreux commerces. Or, la situation a changé dans ce quartier depuis les politiques menées par Leoluca Orlando visant à embellir la zone et la décision prise par l'administration Cammarata de faire de la Kalsa le bénéficiaire principal de sa politique de revalorisation en organisant notamment le festival *Kals'Art*. Mais le développement récent du processus de gentrification dans ce secteur ne provoque pas l'éloignement de la communauté chinoise, au contraire, le nombre de résidents chinois a tendance à augmenter de manière significative dans cette zone à travers le processus la territorialisation marchande. Il est donc possible d'affirmer qu'il existe une coprésence des deux processus, comme le relève Marco Carapezza, qui vit depuis longtemps dans la Via Lincoln : « *A Palermo, qui con Via Lincoln, in qualche modo, contemporaneamente c'è da un lato il fatto che si sta strasformando la strada in una strada di negozi cinesi, dall'altro però, questo non ha bloccato, in qualche modo, il recupero, o quello che tu chiamavi la gentrification. La cosa strana, abbastanza curiosa è che [...] c'è una compresenza di tutti e due i fenomeni.* »[137]. Pour lui, cette situation est particulière quand on la compare aux cas des autres villes italiennes dans lesquelles l'installation des commerces chinois s'est accompagnée d'un relatif abandon des quartiers concernés. « *Questa è una strada abbastanza interessante con una sua peculiarità, perché ? Perché normalmente in Italia, vedi Roma, ma anche Milano è cosi. all'ingresso della comunità cinese, la strada va in una specie di degrado* »[138]. D'après ses observations, la situation est totalement différente dans la zone de Via Lincoln à Palerme,

---

[135] « En a peine deux ans, dans les institutions de la Province de Palerme, les élèves de nationalité chinoise ont plus que doublé [...] Les données se réfèrent à l'année 2005-2006, et l'année qui commence lundi s'annonce avec une présence encore plus massive. »
[136] « Ces six écoles, à elles seules, abritent plus de la moitié des élèves chinois de toute la Province. »
[137] « A Palerme, avec la Via Lincoln, en quelque sorte, il y a en même temps d'un côté le fait que la rue se transforme en une rue de magasins chinois, mais de l'autre côté, ceci n'a pas bloqué la réhabilitation ou ce que tu appelais la gentrification. La chose étrange, assez curieuse, est [...] qu'il y a une coprésence des deux phénomènes.
[138] « C'est une rue assez intéressante avec une particularité parce que normalement en Italie, regarde à Rome mais aussi à Milan c'est comme ça, quand la communauté chinoise arrive, la rue se dégrade en quelque sorte. »

où l'installation des commerces chinois s'accompagne du développement du processus de gentrification.

Cependant, nous avons vu que le périmètre étudié était inégalement touchée par le processus de gentrification, avec d'un côté la partie basse et le secteur de la *Piazza Magione* qui connaissent le développement du phénomène et de l'autre, la partie haute, proche de la gare centrale, qui est moins touchée par ce processus. Or, l'installation des commerces chinois s'est fait prioritairement dans la partie haute de Via Lincoln au début, mais ces entreprises commencent à s'implanter dans la partie basse, là où le processus de gentrification se développe de manière plus visible.

De cette étude de cas, il ressort que la territorialisation marchande de la communauté chinoise constitue le facteur principal permettant d'expliquer leur permanence dans une zone touchée par le processus de gentrification. Mais la communauté chinoise participe-t-elle, par le biais de cette appropriation territoriale, au développement du processus de gentrification ? Nous avons vu que le phénomène de « *l'ethnic packaging* » décrit par Hackworth et Rekers (2005 : 211) dans certains quartiers de Toronto est un moyen pour attirer les gentrifieurs. Ainsi, cette reproduction du « label ethnique » peut avoir une fonction similaire aux communautés artistiques dans le développement du processus : « [...] *it is increasingly the case that it (ethnic packaging) has the potential function in a way that art has functioned in the past for gentrifying comunities* » (Hackworth et Rekers, 2005 : 232). Dans l'étude de cas qu'ils présentent, les deux auteurs montrent comment la représentation de l'ethnicité est instrumentalisée aussi bien par les investisseurs que les pouvoirs publics pour le développement du processus de gentrification. A Palerme, si la zone du Via Lincoln est largement considérée dans l'opinion publique comme étant une petite « Chinatown », il n'est pas possible d'affirmer que ce label possède ce potentiel d'attraction pour les classes moyennes supérieures, et il n'est pas utilisé comme un atout par les investisseurs ou les pouvoirs publics pour développer ce quartier. Cette situation est largement due au fait que le processus de territorialisation marchande développé par la communauté chinoise dans cette zone est perçu avec une certaine méfiance de la part de la société palermitaine en général. En effet, nombreux sont les témoignages tendant à considérer que la communauté chinoise est un groupe fermé, peu enclin à s'intégrer et dont les activités sont louches. Cette réputation peu reluisante correspond certainement au caractère très récent de l'implantation des commerces chinois dans cette zone, mais elle n'en est pas moins ancrée dans la perception de la société d'accueil. Ce n'est donc pas tant de ce côté-là qu'il faut chercher si l'on veut s'intéresser aux relations entre le processus de gentrification et la communauté chinoise, mais plutôt du côté de la thèse développée par Jane Jacobs dans l'étude de cas qu'elle propose au sujet du quartier de Spitalfields à Londres (Jacobs, 1996). Selon cette auteur, c'est le haut degré de cohésion qui caractérise la communauté du Bangladesh et le pouvoir économique acquis par certains entrepreneurs bengalis qui est à l'origine de leur participation dans le processus de gentrification du quartier de Spitalfields (Jacobs, 1996). Comme nous l'avons vu précédemment, la communauté chinoise présente à Palerme possède elle aussi un haut degré de cohésion, qui se manifeste par des pratiques diverses de solidarité économique (la tontine par exemple) et qui peut s'expliquer notamment par le fait que les migrants chinois proviennent presque tous de la même région (la province du Sichuan). Du point de vue de leur pouvoir économique, il n'existe pas d'études fiables permettant de prouver que les migrants chinois disposent de ressources économiques plus importantes que les autres communautés immigrées présentes à Palerme, cependant les nombreuses acquisitions de locaux réalisées par les migrants chinois incitent à penser que c'est le cas. En outre, un événement survenu récemment permet de constater que le potentiel économique de certains entrepreneurs d'origine chinoise leur permet de participer au processus de gentrification. En effet, le 20 octobre 2006, une société anonyme constituée d'actionnaires italiens et chinois a été fondée à Palerme sous le nom de la « *Heng Tai Group* »(qui signifie « grands hommes » en chinois). Cette société est active dans le secteur commercial et vient de réaliser une opération d'envergure dans la Via Lincoln en acquérant le *Palazzo Barone*[139] pour en faire un centre commercial nommé « *Heng Tai* ». Le 31 janvier 2007, la société anonyme a présenté le projet aux autorités, en présence de l'ambassadeur de Chine en Italie, Dong Jinyi. L'article publié par *La Repubblica* ce jour-là laisse entrevoir le type d'entreprise que représentera le « *Heng Tai* » : « *occuperà due piani della palazzina e una superficie di circa 2.400 metri quadrati. Il centro ospiterà 22 stand di abbigliamento cinese, ciascuno di 60 metri quadrati, ma anche negozi in franchising dei grandi marchi del made in Italy.* » (*La Repubblica*, édition de Palerme, 31/01/07). La création de ce « *palais de la consommation* » comme le nommerait Neil Smith (2003 : 163) ne sera pas le dernier investissement de la « *Heng Tai Group* » dans la ville de Palerme. Marco Mortillaro, commercial dans cette nouvelle société annonce dans *La Repubblica* que le groupe évalue déjà l'opportunité de réaliser d'autres opérations de ce type : « *Questo è il primo grosso investimento a Palermo [...] ma non sarà l'ultimo. La società, infatti, sta valutando l'apertura di altri punti vendita in città* » (ibid.).

La création de cette société anonyme est intéressante à plus d'un titre dans le cas qui nous occupe : d'une part, elle laisse présager d'une participation active d'une partie de la communauté chinoise dans un processus de gentrification marqué par des projets commerciaux d'envergure. Pour Marco Mortillaro, le secteur de la Via Lincoln, qui apparaissait en déclin, connaît un processus de revitalisation sous l'impulsion des entrepreneurs chinois qui y ouvrent des commerces : « *Sono negozi che hanno preso il posto di attività locali ormai in crisi. [...] Questi imprenditori, che a torto vengono visti solo come concorrenti dai colleghi palermitani, stanno contribuendo al rilancio dell'economia cittadina e di zone di Palermo, come quella attorno alla Stazione, che parevano destinate a un lento declino* » (ibid.). D'autre part, la création de cette société anonyme tend à remettre en cause la supposée fermeture de la communauté chinoise qui, en l'occurrence, s'allie avec des investisseurs italiens pour mener ses projets à bien. A ce titre, il est particulièrement frappant de constater que la présentation au public du projet de centre commercial « *Heng Tai* » coïncide avec le moment auquel la communauté chinoise présente la première association officielle sensée la représenter auprès des institutions palermitaines (l'association « *Cinesi d'Oltremare* », fondée le 31 décembre 2006 par 24 entrepreneurs chinois). Dans ce contexte, il est possible d'affirmer avec Ma Mung que pour la communauté chinoise, les « *théâtres de présentation de soi* » proposent « *l'image de la commercialité, de l'entreprenarialité* » (Ma Mung, 1999 : 148). De plus, le fait que Marco Mortillaro soit à la fois employé dans le « *Heng Tai Group* » et secrétaire de l'association « *Cinesi d'Oltremare* » laisse penser que la société anonyme et l'association sont deux composantes d'une même entité.

3.3.5. Considérations à propos de cette étude de cas

L'étude de cas consacrée aux relations entre la gentrification et les communautés immigrées dans le secteur de Via Lincoln a permis de constater qu'il y avait dans cette zone une coprésence du processus de gentrification (même s'il est plus hétérogènement réparti dans cet espace que dans la zone de Piazza Marina) et de l'installation de la communauté chinoise. Cette cohabitation des deux processus peut s'expliquer par la présence de différents facteurs :

- La communauté chinoise se caractérise par un haut degré de cohésion qui provient du fait que la majorité des migrants proviennent d'une même région en Chine et qui se

---

[139] Cet immeuble est situé au numéro 146 de la Via Lincoln et était occupé jusqu'en 2006 par le magasin d'habits « *Barone* » après soixante ans d'activité. Il est toujours considéré comme un symbole historique du commerce palermitain comme en témoigne cette phrase tirée de *La Repubblica* : « *Lo storico negozio d'abbigliamento Barone* ».

caractérise par diverses pratiques de solidarité au niveau économique. Ce haut degré de cohésion peut être considéré comme un facteur leur permettant de rester en place dans un quartier gentrifié.

- Les migrants issus de la communauté chinoise ont dans la majorité des cas l'intention de s'établir durablement dans la ville de Palerme. Cette volonté d'ancrage dans la ville peut constituer un facteur explicatif de leur permanence dans le quartier de Via Lincoln, qui connaît le développement d'un processus de gentrification.

- Enfin, et c'est probablement l'aspect le plus important, la communauté chinoise s'est installée dans la zone de Via Lincoln par le biais d'un processus de « *territorialisation marchande* » (Ma Mung, 1999 : 145) qui leur permet non seulement de « résister » au processus de gentrification mais aussi d'y participer activement grâce à l'acquisition de biens immobiliers et la formation de groupes financiers transnationaux actifs dans le secteur commercial.

CINQUIEME PARTIE

CONCLUSION

1. CONCLUSION

Afin de conclure ce mémoire, je commence par répondre aux questions de recherche proposées au début de ce travail en présentant une synthèse des résultats présentés dans les deux études de cas. Dans un second temps, je discuterai des objectifs préalablement fixés et je dresserai un bilan général de cette recherche.

1.1. SYNTHESE DES RESULTATS

Question 1 : Quelle est la relation qui s'instaure entre le processus de gentrification et les communautés immigrées dans le centre historique de Palerme?

A cette première question très générale, il peut être répondu que les relations qui s'instaurent entre le processus de gentrification et les communautés immigrées dans le centre historique de Palerme présentent des visages si différents selon les cas de figure présentés qu'il apparaît judicieux de constituer une typologie. De manière générale, il a été constaté que le nombre de migrants résidant dans le centre historique augmentait de manière relativement constante entre les années 2001 et 2005 et ceci en dépit du développement du processus de gentrification. Néanmoins, cette constatation ne possède aucune valeur en soi car il est impossible de tirer des conclusions à partir d'observations faites sur un espace aussi vaste que celui du centre historique de Palerme. L'hétérogénéité spatiale du processus de gentrification incite le chercheur à se pencher sur des zones spécifiques qui mettent en contact l'apparition du phénomène et la présence des communautés immigrées. Les deux quartiers sélectionnés dans les études de cas présentent des relations très différenciées entre ces deux aspects. Ainsi, le quartier de *Piazza Marina* se caractérise par un développement important du processus de gentrification et simultanément par une diminution de la présence des résidents étrangers. Dans ce cas de figure, il est possible d'évoquer une relation conflictuelle qui voit l'éloignement des communautés immigrées comme une possible conséquence de l'apparition du processus de gentrification. Néanmoins, il a été observé que le développement du phénomène ne constituait certainement pas le seul facteur permettant d'expliquer la diminution du nombre de migrants dans cette zone. Le degré élevé de mobilité spatiale des migrants constitue ainsi un important facteur permettant d'expliquer cette situation. Il a en effet été constaté que certaines des communautés présentes depuis de longues années à Palerme ont tendance à se déplacer à l'intérieur de la ville, abandonnant le centre historique pour d'autres quartiers. Le processus semble se faire indépendamment du phénomène de gentrification, qui ne saurait être l'unique cause de ce déplacement.

Dans le cas du quartier de *Via Lincoln*, il a été observé que le développement du processus de gentrification s'accompagnait d'une hausse importante du nombre de migrants. L'exemple des activités commerciales menées par la communauté chinoise dans cette zone permet d'évoquer une relation de participation de certaines communautés au processus de gentrification, qui s'explique par la présence de différents facteurs, notamment par le haut degré de cohésion de cette communauté et par sa présence dans le secteur des activités commerciales, qui lui permet de jouer un rôle sur le marché immobilier.

Sous-question : Quel est l'impact du processus de gentrification du centre historique sur la localisation et les activités des communautés immigrées ? Y a-t-il des tensions entre les acteurs du processus de gentrification et certaines communautés immigrées ?

Cette deuxième question se référait principalement à l'hypothèse d'une influence marquée du processus de gentrification sur des communautés immigrées qui subissent les conséquences du phénomène en se retrouvant déportées vers d'autres quartiers. C'est dans une certaine mesure ce qui advient dans la zone de *Piazza Marina*, même s'il est impossible de parler d'une relation univoque de cause à effet entre les deux processus tant il est vrai que d'autres facteurs interviennent pour expliquer les causes de la diminution du nombre des migrants dans ce quartier. A une échelle plus restreinte cependant, l'apparition de tensions entre divers acteurs de la gentrification et certains individus issus de la migration incite à répondre par l'affirmative à la deuxième question. L'évacuation du *Palazzo Sanmartino* survenue en 2001 semble représenter un exemple caractéristique des tensions et des relations conflictuelles qui peuvent survenir lorsque le processus de gentrification, représenté par des intérêts à dimension « classiste » (pour reprendre un terme cher à Neil Smith) tend à éloigner de façon parfois brutale les migrants les plus vulnérables que sont les étrangers dont la situation n'a pas été régularisée. Cet exemple, qui donne à voir l'occupation d'un bâtiment dégradé, habité dans des circonstances juridiques floues par des migrants clandestins, est loin de représenter un cas isolé dans le centre historique de Palerme. Il est ainsi probable que le futur réserve à nouveau des exemples d'éviction de nombreux migrants comme conséquence directe de l'apparition du processus de gentrification.

Question 2 : Quelles sont les stratégies mises en œuvre par les communautés immigrées pour leur permettre de rester sur place dans un quartier gentrifié ?

Cette troisième question faisait référence à la deuxième entrée de la typologie des relations que je me suis proposé d'effectuer, c'est-à-dire une situation de permanence des communautés immigrées dans un quartier gentrifié. Ce type de relation n'a pas été explorée en détail dans les études de cas parce que le quartier de la *Kalsa*, identifié comme celui qui connaissait prioritairement le développement du processus de gentrification, n'offre pas véritablement d'exemples de stabilité dans l'évolution de la présence des communautés immigrées. Cependant, l'étude de cas consacrée au quartier de *Via Lincoln* et les propos de certains de mes interlocuteurs au sujet de l'insertion des migrants dans le marché de *Ballarò* permettent d'apporter quelques éléments de réponse. Ainsi, les activités commerciales menées par les communautés immigrées semblent représenter un élément d'ancrage relativement important sur le territoire et peuvent constituer un facteur permettant d'expliquer la permanence des migrants dans un quartier gentrifié. Les activités commerciales sont l'occasion pour les migrants de constituer des réseaux économiques, sociaux ou culturels non seulement avec les membres de leur communauté, mais aussi avec la communauté d'accueil. La constitution de ces réseaux parfois informels leur permettent d'avoir un accès à l'information et à différents services qui peuvent représenter une aide précieuse pour rester dans un quartier connaissant le développement du processus de gentrification.

Sous-question : Certaines communautés immigrées jouent-elles un rôle dans le processus de gentrification ? Si oui, quel type de rôle est joué, avec quels moyens et selon quels mécanismes ?

Au regard de l'étude de cas consacrée au quartier de *Via Lincoln*, il est parfois difficile de dire s'il y a coprésence du processus de gentrification et de l'installation de la communauté chinoise, ou si cette communauté participe véritablement au développement du processus de gentrification. L'ouverture de nombreux commerces et l'activité importante de la communauté chinoise sur le marché immobilier tend cependant à pencher pour la deuxième proposition. Cette participation se déroule de manière relativement surprenante, dans la mesure où la communauté chinoise semble éviter le contact avec les structures d'accueil traditionnellement fournies aux migrants, ce qui ne permet pas à ses membres de constituer les réseaux sociaux et culturels évoqués ci-dessus. Cette communauté participe au développement du processus de gentrification par le biais de la « *territorialisation marchande* » (Ma Mung, 1999 :145). Ce processus de territorialisation marchande se matérialise par l'acquisition d'un nombre importants de biens immobiliers et la formation de groupes financiers transnationaux actifs dans le secteur commercial. Les investissements consentis par la communauté chinoise dans ces secteurs ont ainsi contribué à transformer radicalement le paysage de ce quartier en pleine mutation.

Question 5 : Quels sont les facteurs qui permettent d'expliquer l'apparition d'un type de relation entre le processus de gentrification et les communautés immigrées ?

Les études de cas consacrées au secteur de *Piazza Marina* et au quartier de *Via Lincoln* ont permis de relever des possibles facteurs explicatifs de la présence des différents types de relation.

De manière assez prévisible, les ressources économiques des migrants représentent un facteur permettant d'expliquer l'apparition de tel ou tel type de relation. Il a en effet été constaté que les migrants se trouvant dans des conditions précaires liées à leur statut de clandestins représentent une population particulièrement vulnérable lorsque l'apparition du processus de gentrification se faisait sentir. A l'inverse, les migrants disposant de ressources économiques plus importantes sont moins susceptibles de connaître des processus d'éloignement dans les quartiers gentrifiés. Néanmoins, le facteur économique est loin de représenter le seul facteur explicatif de l'apparition des différents types de relation existants.

L'exemple de la communauté chinoise permet d'observer que le haut degré de cohésion à l'intérieur d'une communauté peut être considéré comme un facteur permettant d'expliquer la participation des communautés immigrées au processus de gentrification. Cette communauté se caractérise en effet par un haut degré de cohésion qui s'explique notamment par le fait que les migrants chinois proviennent dans leur grande majorité d'une même région géographique (la province du Sichuan) et se manifeste par une concentration très importante de la résidence et des activités commerciales dans un même quartier. Ce degré de cohésion se matérialise par la constitution de réseaux extrêmement denses d'entraide financière à l'intérieur de la communauté qui permettent aux migrants chinois d'acquérir des biens immobiliers dans un secteur qui connaît pourtant une hausse de la valeur immobilière. Cependant, il n'est pas possible d'affirmer que le haut degré de cohésion à l'intérieur d'une communauté immigrée représente en soi une garantie pour rester dans un quartier gentrifié, car cet aspect n'a pas été abordé de manière approfondie en ce qui concerne les autres communautés immigrées.

J'avais évoqué le degré d'intégration à l'intérieur de la société palermitaine comme étant un possible facteur permettant à certaines communautés de participer au processus de gentrification. La présente étude ne permet pas de se prononcer clairement sur ce point car elle ne s'est pas attachée à définir clairement la notion complexe d'intégration. Ainsi, de nombreux interlocuteurs considèrent que la communauté chinoise n'est pas intégrée dans la ville de Palerme. Mais les réseaux économiques tissés par cette communauté avec la société d'accueil, par le biais de la relation entre vendeur et client, mais aussi à travers la participation de certains entrepreneurs chinois dans des groupes financiers reposant sur des capitaux italiens ne constituent-ils pas en soi un facteur d'intégration ? Tout dépend donc de la définition donnée à la notion d'intégration et la présente recherche, faute d'avoir exploré cette question en profondeur, ne permet pas de se prononcer clairement sur ce point.

En revanche, les projets migratoires à l'égard de la ville de Palerme semblent constituer un facteur permettant d'expliquer l'apparition d'un type de relation plutôt qu'un autre. Il a été observé grâce aux deux études de cas que les projets migratoires à l'égard de la ville variaient énormément d'une communauté à l'autre, certains migrants considérant la cité palermitaine comme un simple lieu de transit vers d'autres destinations européennes, alors que d'autres avaient l'intention de s'y établir durablement. Comme on pouvait s'y attendre, les communautés les plus résidentielles « résistent » mieux au développement du processus de gentrification.

Enfin, il apparaît au regard de cette étude que les activités commerciales menées par les migrants peuvent constituer un facteur de permanence dans un quartier gentrifié et même de participation au développement du processus de gentrification à travers l'acquisition de locaux destinés à ce type d'activités. En revanche, cette recherche ne permet pas d'affirmer que la mise en valeur du caractère ethnique des entreprises constituait un facteur d'attraction pour les « gentrifieurs », comme c'est le cas dans la ville de Toronto (Hackworth et Rekers, 2005 : 232). A Palerme, si la zone de *Via Lincoln* est largement considérée dans l'opinion publique comme étant une petite « Chinatown », il n'est pas possible de dire que ce label possède ce potentiel d'attraction pour les classes moyennes et supérieures, et il n'est pas utilisé comme un atout par les investisseurs et les autorités pour développer ce quartier. Néanmoins, il n'est pas exclu que le label ethnique soit récupéré à l'avenir comme un argument de vente de telle ou telle zone parce que ce type de commerce est extrêmement développé dans le centre historique et les opérations de promotion de la ville misent sur le caractère cosmopolite de Palerme.

1.2. BILAN DE RECHERCHE

L'objectif principal de cette recherche visait à étudier les relations qui s'instaurent entre le développement du processus de gentrification et les communautés immigrées dans le centre historique de Palerme. Un certain nombre de conditions préalables ont été fixées pour appréhender ces relations.

Tout d'abord, la description du processus de gentrification et l'identification des zones touchées prioritairement par le phénomène a été appréhendée en fonction de deux angles d'approche : une analyse comparative des politiques de requalification du centre historique menées par les deux précédentes administrations a été couplée à l'élaboration de différents critères pour mesurer leur impact sur le processus de gentrification. Ces choix se justifient d'une part parce que la littérature montre l'influence des politiques urbaines sur la gentrification et d'autre part parce que la réalité palermitaine est marquée par le fort enchevêtrement entre les domaines politiques et économiques. Par ailleurs, la sélection des principaux critères permettant de diagnostiquer l'apparition du processus de gentrification se base sur les méthodes utilisées par des recherches empiriques consacrées au phénomène qui font autorité. Cependant, les données qui se rapportent à ces différents critères étant parfois lacunaires, certains résultats risquent d'apparaître discutables aux yeux de certains observateurs, même si l'analyse qualitative vient préciser ou nuancer certains de mes propos.

Cette recherche a permis de constater que la politique de réhabilitation du centre historique menée par l'administration Orlando, matérialisée par l'élaboration d'un plan urbanistique spécifiquement consacrée à cette zone (le *Piano particolareggiato esecutivo*), se caractérisait par une forte attention portée aux effets indésirables de la gentrification en limitant les possibilités des investissements privés et en tentant d'éviter les processus d'éloignement des anciens habitants. Cependant, le centre historique était dans un tel état d'abandon à la fin des années 80 que les opérations de réhabilitation du bâti et de revalorisation territoriale ont inévitablement conduit à l'apparition des caractéristiques principales du processus de gentrification. La hausse spectaculaire de la valeur immobilière, la transformation de la composition sociale des habitants et l'attrait nouveau des classes moyennes et supérieures pour cette zone ont ainsi pu être observés durant cette période.

L'analyse de la politique menée par la junte de Diego Cammarata a permis de relever un changement d'orientation par rapport à l'administration précédente, qui est caractérisée par une approche beaucoup plus libérale en ce qui concerne l'apport des investissements privés dans le processus de réhabilitation du centre historique. Ce type d'approche, supposé plus favorable au développement du processus de gentrification, a en effet contribué à une augmentation importante de la valeur immobilière et à un retour des habitants dans le centre historique.

Le processus de gentrification se caractérisant par sa distribution spatiale hétérogène, l'identification des lieux prioritairement touchés par le phénomène a été conduite et a permis de retenir le quartier de la *Kalsa* comme espace principal de la gentrification. Une augmentation de la valeur immobilière plus importante que celle que connaissent les autres quartiers, une politique de réhabilitation prioritairement axée sur ce secteur, l'apparition de manifestations culturelles d'envergure comme le festival *Kals'Art* et l'émergence de « lieux de la gentrification » justifient cette identification.

Le principal objectif de la deuxième phase de ce travail visait à élaborer une géographie évolutive de la présence des communautés immigrées dans le centre historique. Si certaines données manquaient à l'appel et n'ont pas permis de prendre en considération les années antérieures à 2001, cette recherche a néanmoins permis d'observer certaines caractéristiques de l'immigration à Palerme. Tout d'abord, il a été constaté que le nombre de migrants présents dans le centre historique augmentait de façon constante et que cette partie de la ville restait le lieu de concentration des communautés immigrées. Ensuite, il a été observé que cette évolution était principalement due à l'accroissement important des migrants en provenance du Bangladesh et de Chine, qui se distinguent des autres communautés par la dimension récente de leur installation et par leur présence massive dans le secteur des activités commerciales. Enfin, cette étude a permis de se pencher sur les disparités qui existent à l'échelle des quartiers en ce qui concerne l'évolution de la présence des migrants. Si les *Mandamenti Castellamare* et *Monte di Pietà* présentent une certaine stabilité, les *Mandamenti Tribunali* et *Palazzo Reale* se caractérise par une augmentation spectaculaire de la présence des communautés immigrées. Grâce à une recherche affinée à l'intérieur du quartier gentrifié de la *Kalsa*, l'étude a permis de constater des différences importantes entre le quartier de *Piazza Marina*, qui présente une diminution significative de la présence des migrants, et celui de la *Via Lincoln*, qui se caractérise au contraire par une augmentation importante du nombre de résidents étrangers.

Ce sont donc ces deux quartiers qui ont été étudiés de manière plus spécifique grâce à deux études de cas. Cette approche plus détaillée a tout d'abord permis de vérifier de vérifier l'hypothèse centrale de cette recherche qui postulait sur une relation beaucoup plus complexe que celle d'un simple éloignement des communautés immigrées comme conséquence du développement du processus de gentrification. Dans ce contexte, l'ébauche d'une typologie des relations entre la gentrification et les communautés immigrées paraît justifiée. Si la présentation de deux études de cas ne suffit pas à remplir toutes les entrées de la typologie proposée, cette méthode d'analyse semble appropriée pour appréhender la complexité des relations entre les deux phénomènes et l'apparition de différents cas de figure selon les contextes spatio-temporels dans lesquels ils s'inscrivent. La présentation des deux études de cas a néanmoins mis en lumière certaines limites de la typologie proposée. Ainsi, la distinction entre une situation de permanence des communautés immigrées dans un quartier gentrifié et un contexte de participation des migrants dans le processus de gentrification peut sembler floue dans une typologie où les contours n'apparaissent pas clairement définis. Le cas de la multiplication des entreprises tenues par la communauté chinoise révèle ces imperfections qui ne permettent pas d'identifier clairement s'il y a simplement une coprésence de la gentrification et de la territorialisation marchande des migrants chinois ou s'il y a une réelle participation de cette communauté dans ce processus à travers l'acquisition de biens immobiliers et la dynamisation du secteur économique.

Je conclurai donc en relevant la pertinence de cette typologie pour aborder les relations entre le processus de gentrification et les communautés immigrées tout en soulignant le fait qu'elle doit être améliorée dans le but de définir plus précisément les contours qui délimitent chacune des catégories.

BIBLIOGRAPHIE

Althabe, Gérard, *Production des patrimonies urbains,* in Althabe, G., B.Lege et M. Selim, Urbanisme et rehabilitation symbolique. Paris, Anthropos, 1984

Atkinson, Rowland, *Measuring gentrification and displacement in Greater London,* Urban Studies, Vol. 37, pp. 149-165, 2003

Bondi, Liz, *On the journeys of the gentrifiers, Exploring gender, gentrification and migration,* In Paul Boyle and Keith Halfacree, eds. *Migration and Gender,* pp. 204-22. Routledge, 1999

Bostic, Raphael et Martin, Richard, *Black Home-owners as a gentrifying force? Neighbourhood Dynamics in the Context of Minority Home-ownership,* Urban Studies, Vol. 40, No 12, pp. 2427-2449, 2003

Cannarozzo, Teresa, *Palermo tra memoria e futuro: riqualificazione e recupero del centro storico,* Palermo, 1996

Cannarozzo, Teresa, *Il martirio di un piano orfano,* ASUR n. 80, Palermo, 2004

Cannarozzo, Teresa, *Palermo, le trasformazioni di mezzo secolo,* 1999

Caulfield, J., *Gentrification and desire,* in Canadian Review of Sociology and Anthropology 26, 617-632, 1989

Cipollone, François et Maury, René Georges, *L'émigration italienne : Hier et aujourd'hui - l'émigration historique : « un Ulisse Collectivo »,* Résumé de la conférence lors du Festival de la géographie de Saint-Dié, 2005

De Certeau, Michel, *Les revenants de la ville,* in revue Architecture intérieure/Créé (no 192-193), 1983

Donzelot, Jacques, *La ville à trois vitesses: relegation, périurbanisation, gentrification,* Esprit 303: pp 14-39, 2004

Gentileschi, Maria Luisa, *Centri storici delle città sud.europee e immigrazione. Un nodo di contradizioni,* in Geotema, Vol. 23, pp. 34-61, 2005

Gerber, Philippe, *Ecologie urbaine factorielle. Etude du processus de gentrification. Un essai de modélisation,* mémoire de DEA de géographie, Université Louis Pasteur, Strasbourg, 1994

Gerber, Philippe, *Processus de gentrification et demande sociale citadine. Exemple du centre-ville de Strasbourg,* in Revue Géographique de l'Est, Tome XXXIX – 2/3/1999 – p.107-117

Glass, Ruth, *Introduction to London: Aspects of Change,* London : Centre for Urban Studies and Mac Gibbon and Kee, 1964

Hackwort, Jason et Rekers, Josephine, *Ethnic packaging and gentrification, The case of four neighbourhoods in Toronto,* in Urban Affairs Review, Vol.41, No 2, Novembre 2005, pp. 211-236

Hamnett, Chris, *The blind men and the elephant, The explanation for gentrification,* Transactions of the Institute of British Geographers Vol. 16, pp. 173-189, 1991

Jacobs, Jane, *Edge of empire: postcolonialism and the city,* Routledge, London and New York, 1996

La Cecla, Franco, *Le malentendu,* Editions Balland, Paris, 2002

Lafi Nora, *Aspects du gouvernement urbain dans la Sicile musulmane,* Cahiers de la Méditerranée, vol. 68, 2004

Laska, et Spain, *Back to the city, : Issues in neighbourhood renovation,* New York, Pergamon, 1980

Lees Loretta, *Rethinking gentrification: beyond the positions of economic or culture*, in Progress in Human Geography 18, 2, pp. 137-150, 1994

Lees, Loretta, *A reappraisal of gentrification: towards a "geography of gentrification"*, in Progress in Human Geography 24,3 pp. 389-408, 2000

Lévy, Jacques, *Malaise dans la pensée urbaine, « La ville à trois vitesses : gentrification, relégation, périurbanisation », Esprit.*, in Pouvoirs Locaux, n°61 de juin 2004

Ley, David, *Alternative explanations for inner-city gentrification,* Annals of the Association of American Geographers, 76 (4), pp. 521-535, 1986

Ley, David, *The new middle class and the remaking of the central city*, Oxford University Press, Oxford, 1996

Ley, David, *Artists, aesthetisation and the field of gentrification*, Urban Studies, 40 (12), pp. 2527-2544, 2003

Lo Piccolo, Francesco, *Atlanti colorati: per una rappresentazione di nuove geografie, pratiche e prospettive per gli immigrati a Palermo*, in Francesco Lo Piccolo et Filippo Schilleci (sous la direction de), *A Sud di Brobdingnag, L'identità dei luoghi : per uno sviluppo locale autosostenibile nella Sicilia occidentale*, Milano, Franco Angeli, 2003

Lombardo, Maria, *Les nouveaux lieux de Palerme*, in La pensée de midi, retrouver Palerme, Actes Sud, pp. 7-25, 2003, pp. 73-78

Maccaglia, Fabrizio, *Gouverner la ville: approche géographique de l'action publique à Palerme*, these de doctorat de l'Université Paris X, Nanterre, 2005

Ma Mung, Emmanuel, *Territorialisation marchande et négociation des identities: Les Chinois à Paris*, in Sociologie du travail, 1999

Nef, AnnLiese, *Palerme arabo-normande: de la ville absente à la ville mythique*, La Pensée de Midi 2002/2, No 8, p.110-114

Puccio, Deborah, *La sainte la ville et le maire*, in La pensée de midi, retrouver Palerme, Actes Sud, pp. 7-25, 2003

Scheibling, Jacques, *Qu'est-ce que la Géographie ?*, Paris : Hachette, 1994

Smith Neil, *Toward a Theory of Gentrification A Back to the City Movement by Capital, not People* Journal of the American Planning Association 45:4, pp 538-48, 1979

Smith Neil, *Gentrification and uneven development*, Economic geography, n° 58, pp. 139-155, 1982

Smith, Neil, *The New Urban Frontier. Gentrification and the revanchist city*, Londres, Routledge, 1996

Smith, Neil, *La gentrification généralisée*, in Catherine Bidou-Zachariasen (sous la direction de), *Retours en ville*, Paris, Descartes et Cie, 2003

Talia, Italo, *Competizione globale tra città : I casi di Napoli, Palermo e Bari.*, Napoli : Liguri, 1998

Urban Palermo, *Programma di iniziativa comunitaria*, Palermo : Nuova graphica due, 2000.

Van Wesep, *Gentrification as a research frontier*, Progress in human geography, 18 (1), pp.74-83

White, Paul et Winchester, Hilary P.M., *The poor in the inner city: stability and change in two Parisian neighbourhoods*, in Urban Geography, 12, pp. 35-54, 1991

Autres sources :

Benevolo, Leonardo, Cervellati, Pier Luigi et Insolera, Italo, Norme di attuazione del piano particolareggiato esecutivo del centro storico di Palermo, 1993

Dossier statistico CARITAS/MIGRANTES, Roma, 2005

Ufficio statistica del Comune, Anagrafe, 2005, Palermo

Presse :

Bellavia Enrico, *Il risanamento rimasto a metà*, La Repubblica, édition de Palerme, 30 novembre 2005

Bellavia Enrico, *Vucciria, il silenzio prima degli affari*, La Repubblica, édition de Palerme, 1 décembre 2005

Bellavia Enrico, *Cassaro, le rovine dietro le facciate*, La Repubblica, édition de Palerme, 2 décembre 2005

Bellavia Enrico, *Il grande affare del risanamento*, La Repubblica, édition de Palerme, 4 décembre 2005

Bellavia Enrico, *Restauri lenti, e i negozi spariscono*, La Repubblica, édition de Palerme, 7 décembre 2005

Erbani, Francesco, *Se perde l'architettura*, La Repubblica 21 Juillet 2006 (pag.51)

Napoli Isabella, *Un megastore cinese al Palazzo Barone*, La Repubblica, édition de Palerme, 31 janvier 2007

Sites internet :

http://www.comune.palermo.it/

http://www.palermoweb.com/

http://www.arte.tv/fr/artmusique/journalculture/cettesemaine/Autresthemes/1297844.html

ANNEXES

LISTE DES CARTES

Carte 1.1.: Centre historique de Palerme

Carte : Centre historique de Palerme, plan d'ensemble

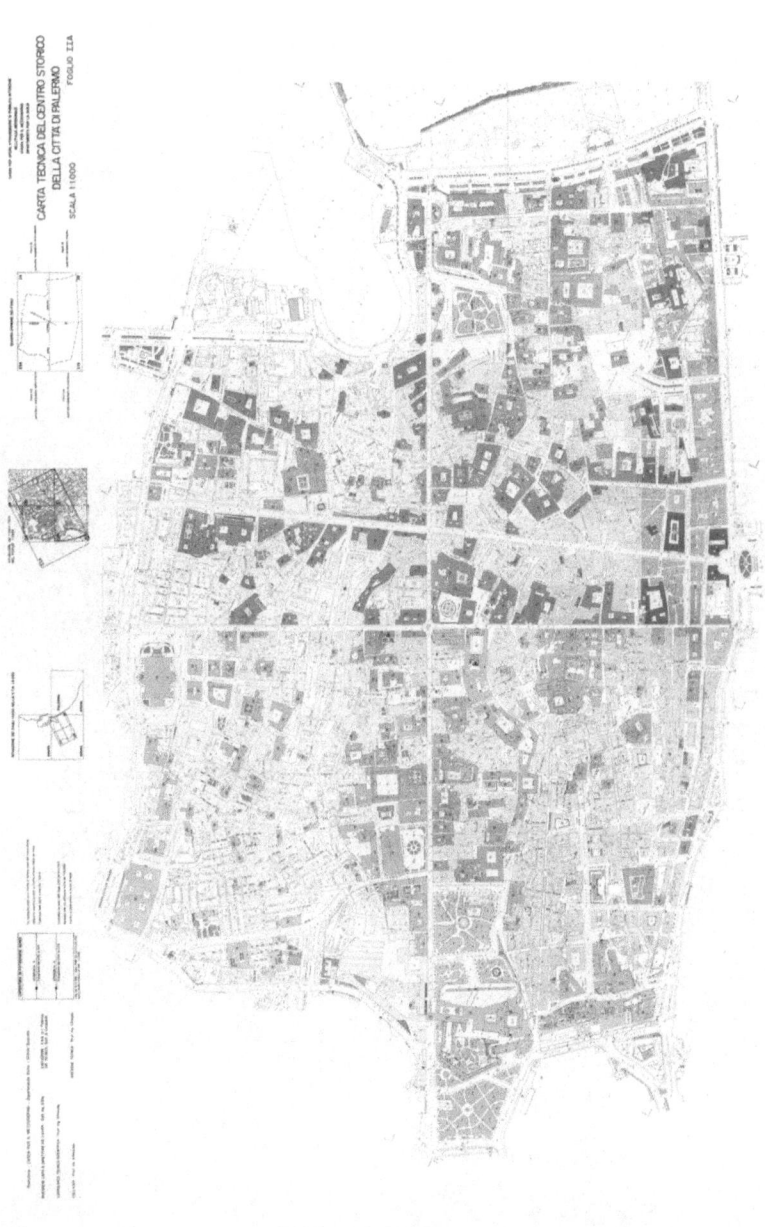

Carte 1.2.: Mandamenti

Carte : Centre historique de Palerme, plan d'ensemble

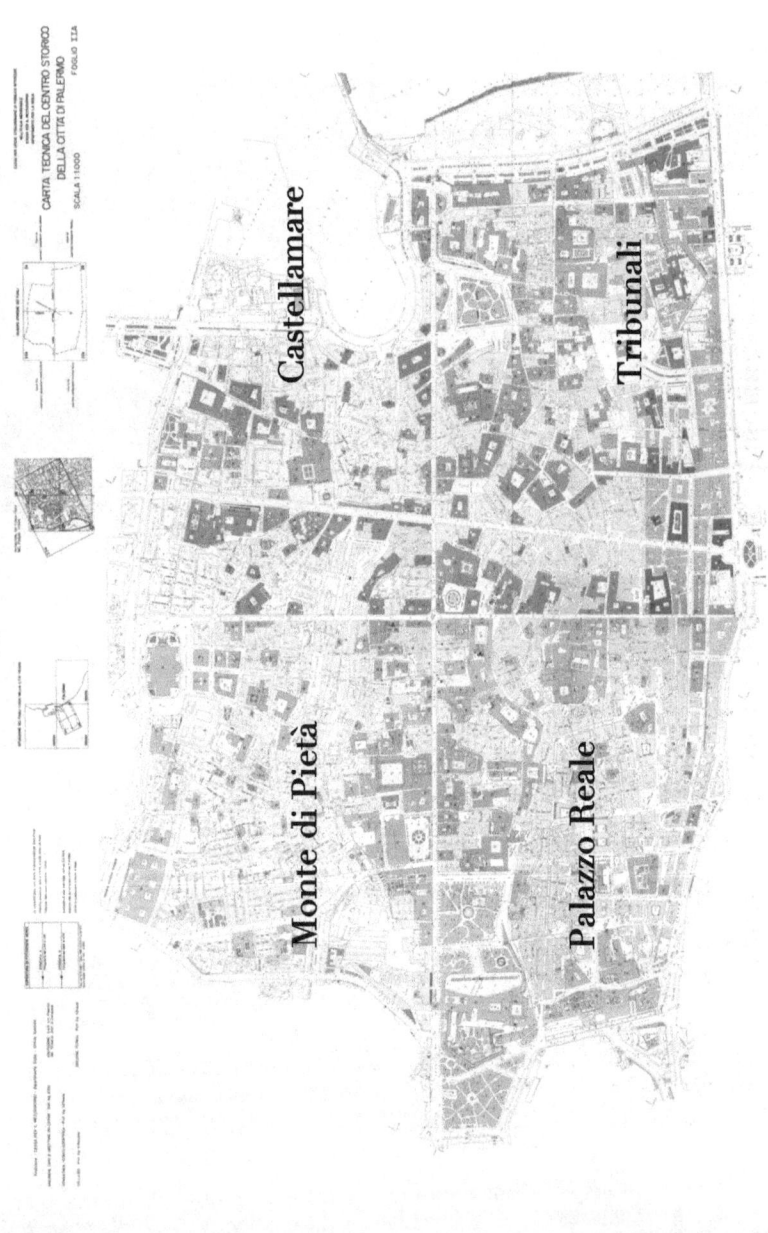

Carte 1.3.: Principaux lieux évoqués dans l'étude

Carte : Centre historique de Palerme, plan d'ensemble

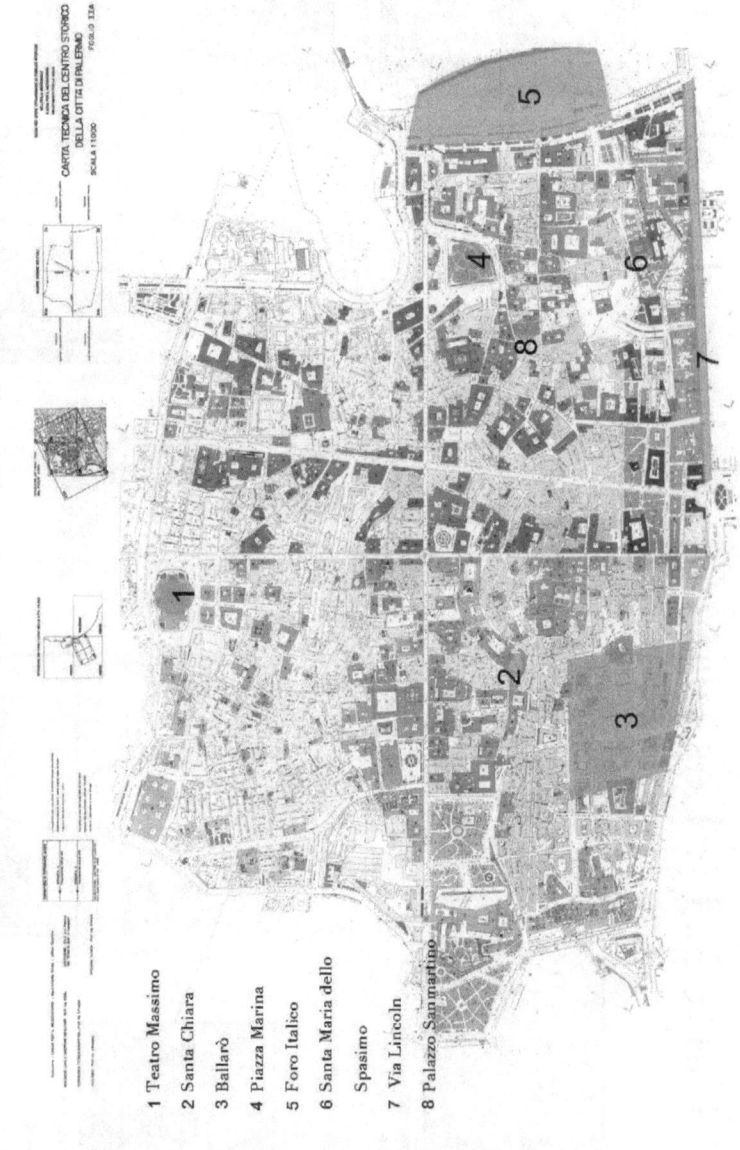

1 Teatro Massimo
2 Santa Chiara
3 Ballarò
4 Piazza Marina
5 Foro Italico
6 Santa Maria dello
  Spasimo
7 Via Lincoln
8 Palazzo Sanmarino

Carte 2.1. : Les principaux lieux de Kals'Art

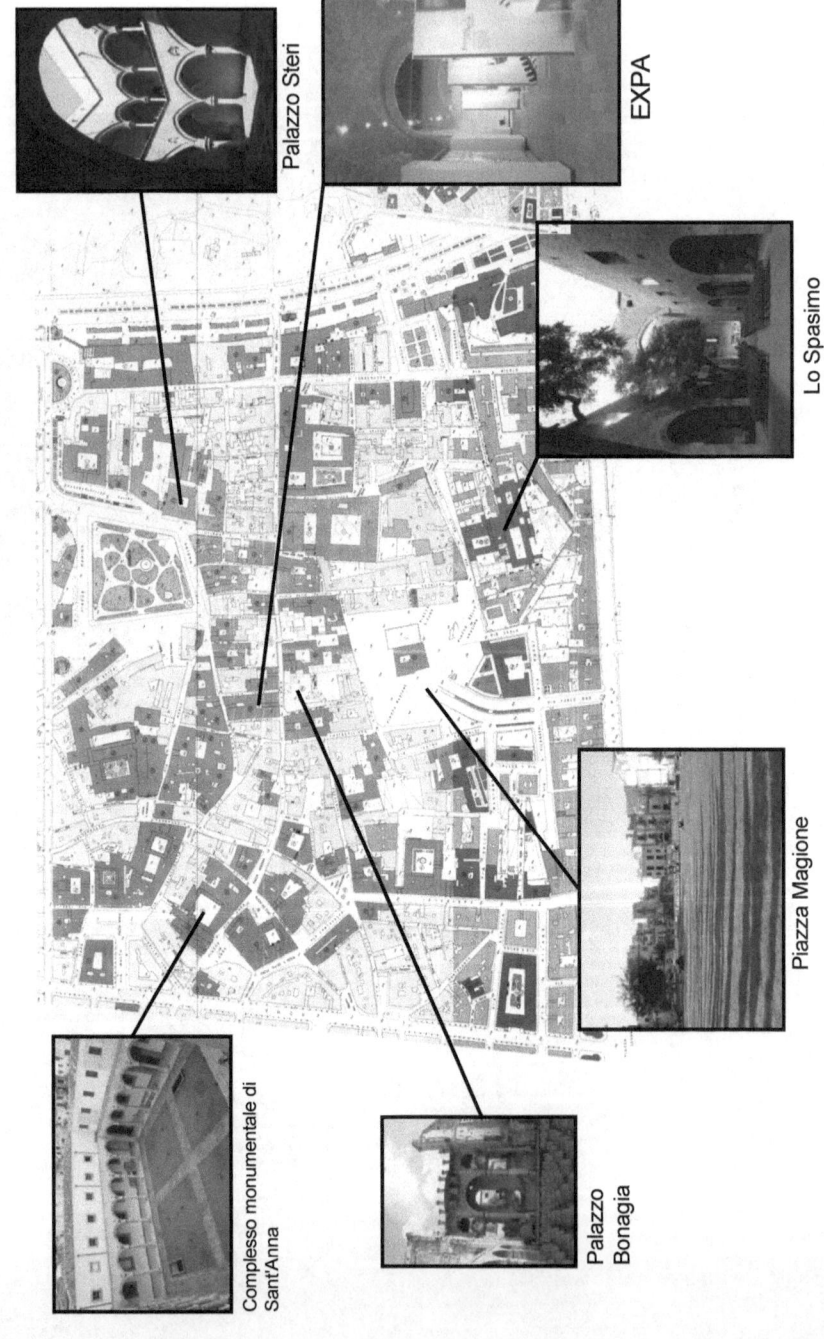

Palazzo Steri

EXPA

Lo Spasimo

Piazza Magione

Complesso monumentale di Sant'Anna

Palazzo Bonagia

Carte 2.2.: Nouveaux lieux de la Kalsa

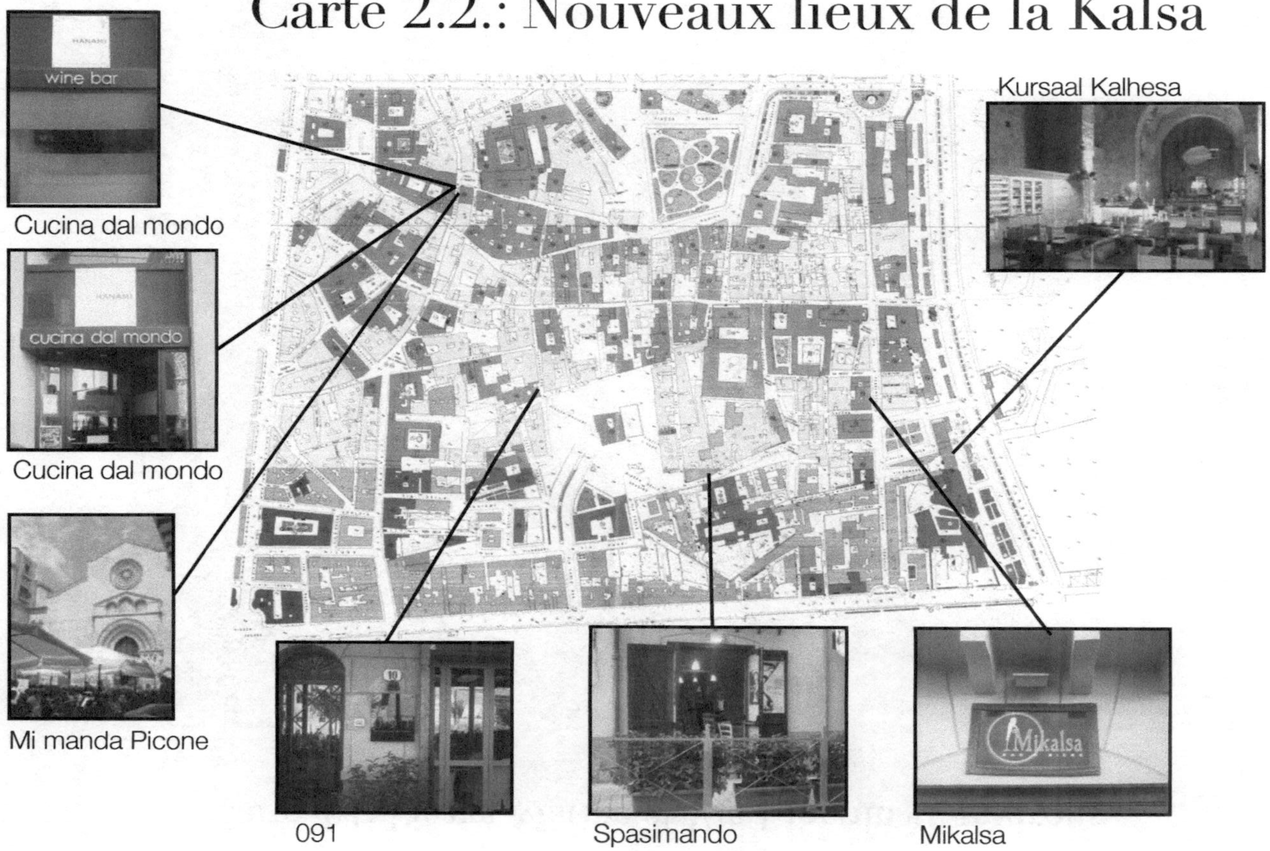

HANAMI
wine bar
Cucina dal mondo
HANAMI
cucina dal mondo
Cucina dal mondo
Mi manda Picone
10
091
Spasimando
Mikalsa
Mikalsa
Kursaal Kalhesa

Carte 4.1: Piazza Marina et Via Lincoln et environs

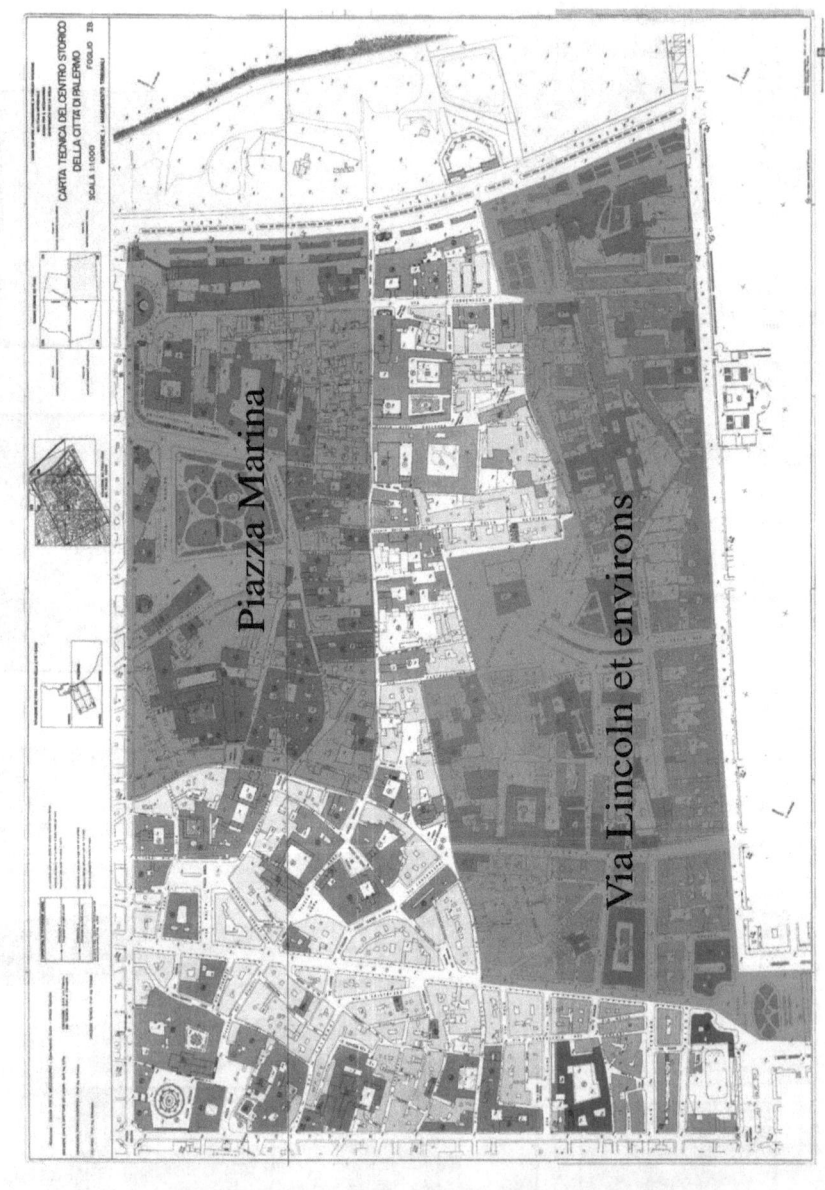

Carte 4.2 : Piazza Marina

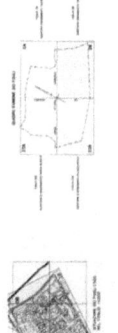
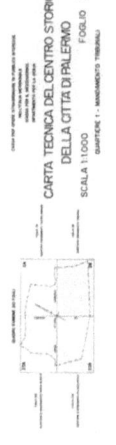

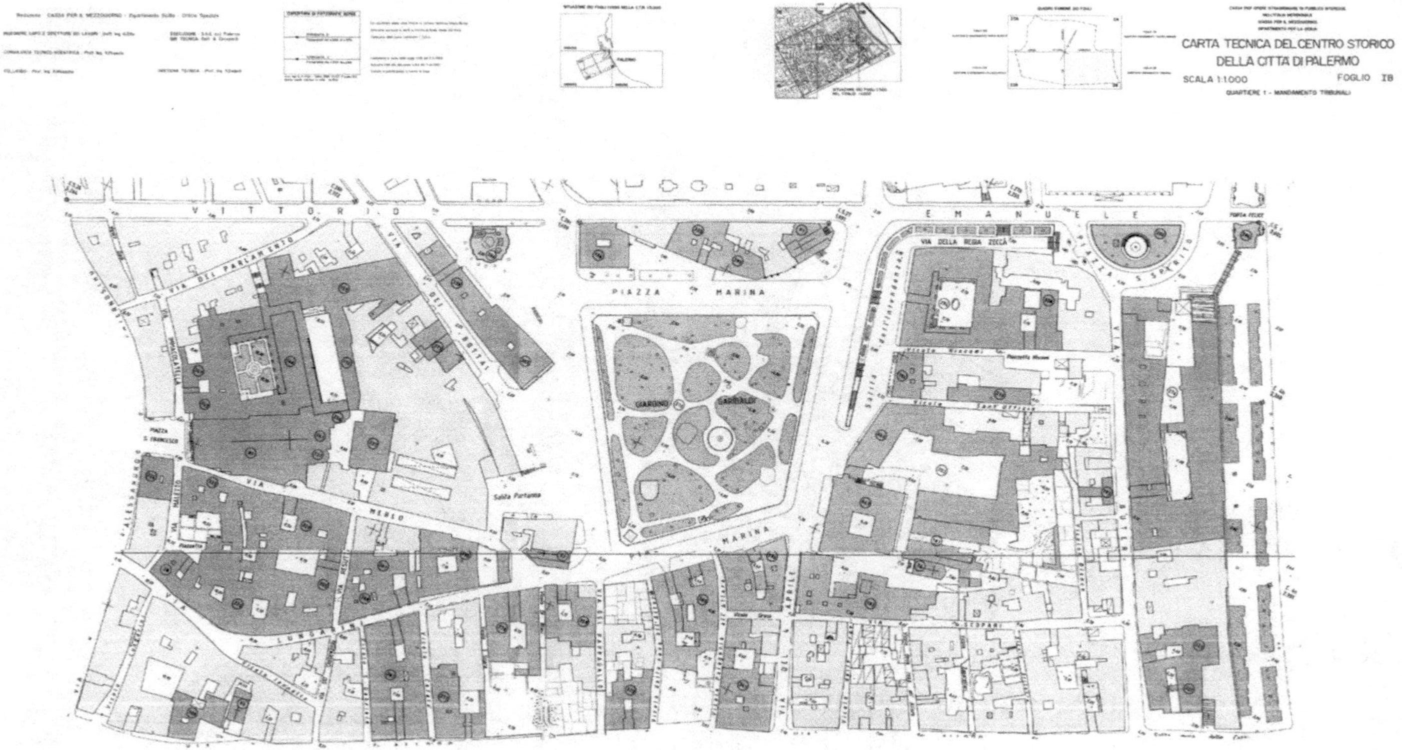

CARTA TECNICA DEL CENTRO STORICO
DELLA CITTÀ DI PALERMO

FOGLIO 78

SCALA 1:1000

Carte 4.3 : Ppe Piazza Marina et Via Lincoln et environs

Piazza Marina

Via Lincoln et environs

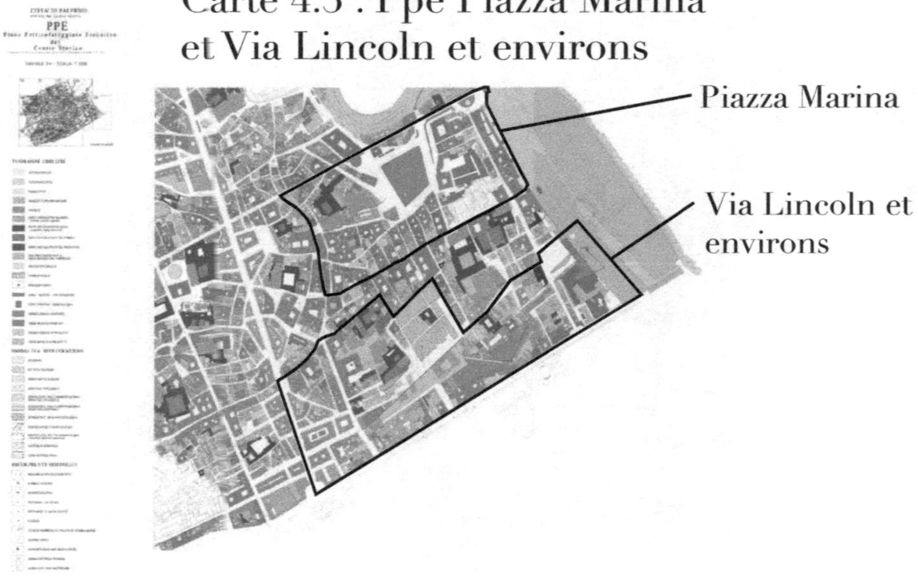

Carte 4.4 : Via Lincoln et environs

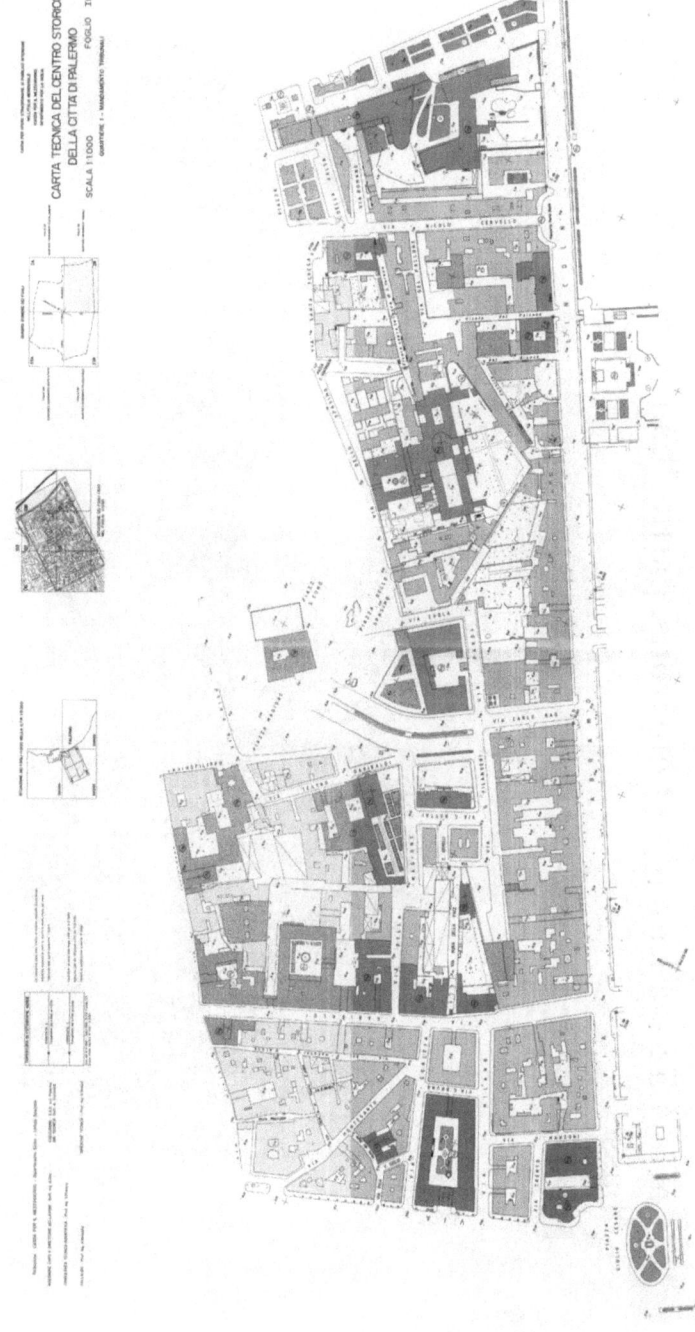

Carte 4.5 : Via Lincoln et environs, partie "haute" et partie "basse"

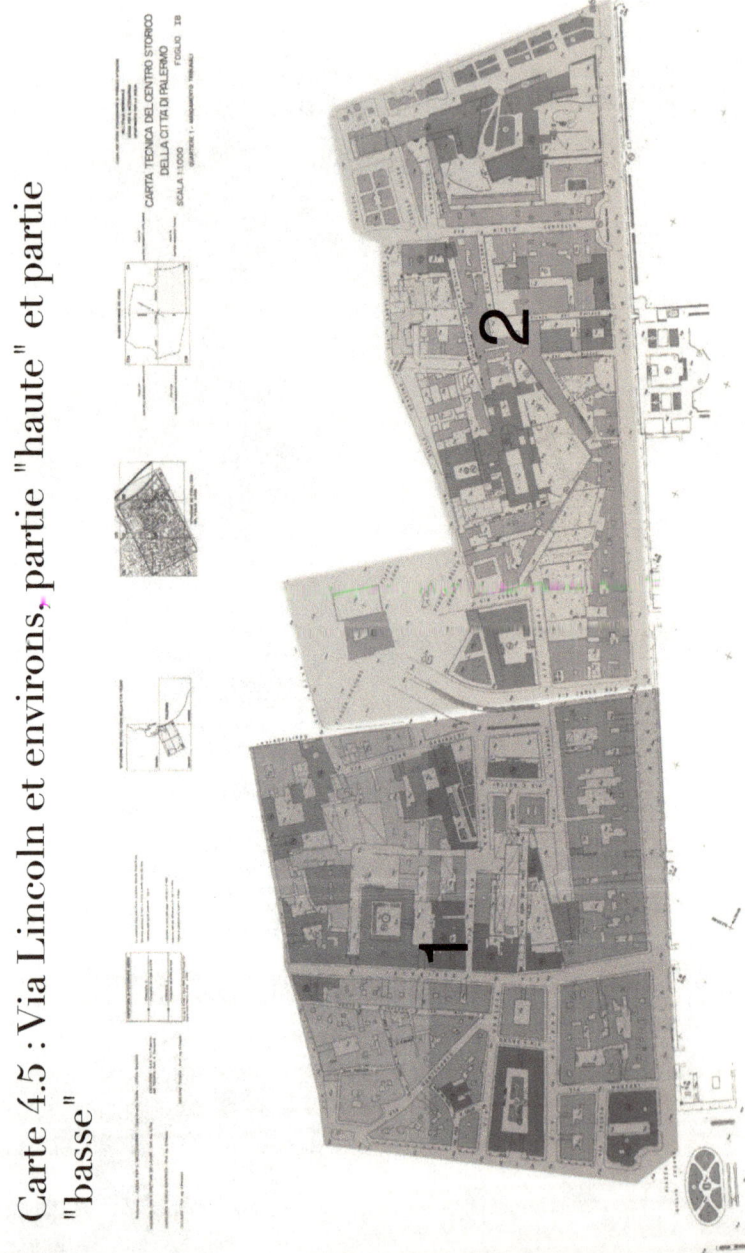

1 Partie "haute"

2 Partie "basse"

Carte 4.6 : Via Lincoln et environs, proportion de la population exerçant des professions libérales

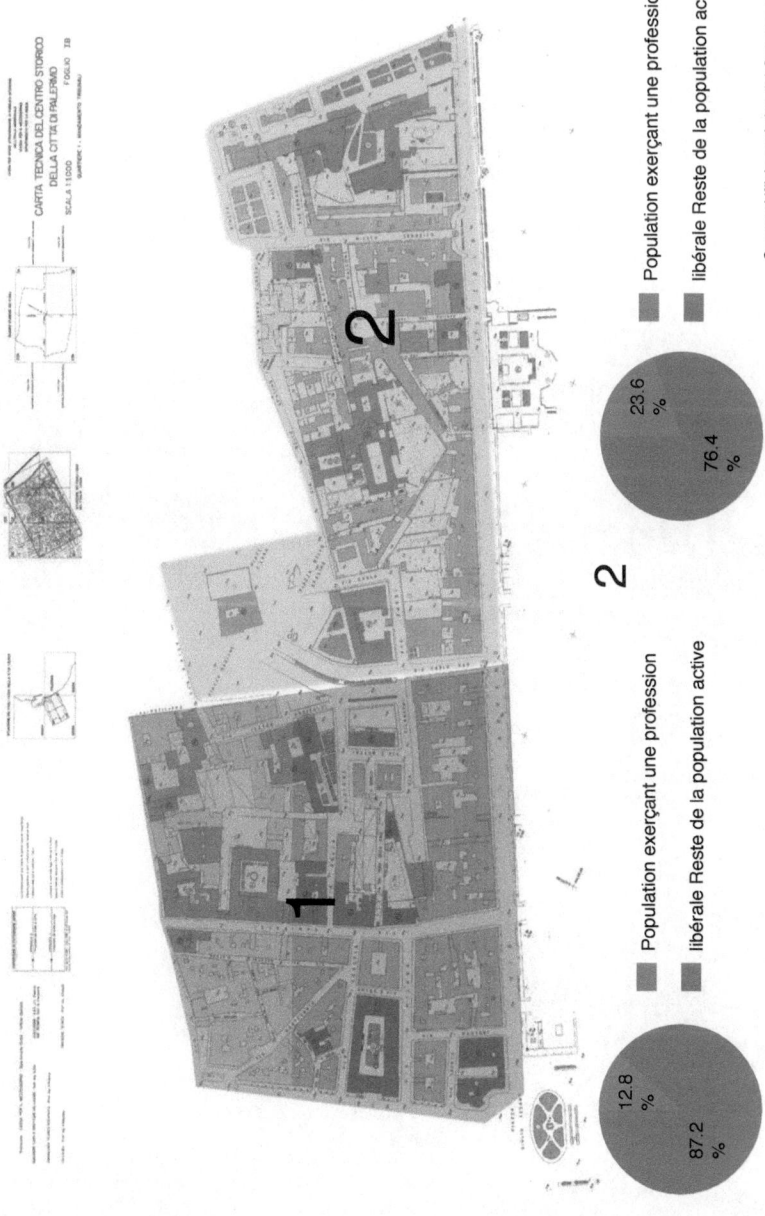

Source: Ufficio statistico del Comune, censimento 2001

Zeitfracht Medien GmbH
Ferdinand-Jühlke-Straße 7
99095 Erfurt, Deutschland
produktsicherheit@kolibri360.de

Druck:
CPI Druckdienstleistungen GmbH
im Auftrag der
Zeitfracht Medien GmbH
Ein Unternehmen der Zeitfracht - Gruppe
Ferdinand-Jühlke-Str. 7
99095 Erfurt